U0271031

东方风格 空间·物语

Eastern Style

DAM 工作室 主编

华中科技大学出版社
http://www.hustp.com
中国·武汉

设计的价值就是改变生活品质，创建新的生活方式，觅得精神与生活的共鸣。

设计的首要任务是解决问题，而且需要创造性地解决问题。每一个项目所面临的挑战都不一样，有的关乎客户诉求的功能、美感及预算，有的关乎空间结构、人文风俗。种种挑战都需要设计师有极强的分析判断能力，抽丝剥茧，找出最核心的问题，并运用创意思维提出解决方案，这种解决方案就是设计策略。好的策略能直去要害，事半功倍。"策略为先"是我司最重要的工作方法，设计师会经过多角度、多层次的分析，找到最适合的设计策略。而策略分析是我们灵感的来源，优秀设计方案的诞生都是从好的策略开始的。没有策略意识的设计往往找不到重点，缺少逻辑支撑，很容易做无用功，亦或因受制于惯性思维，难以迸发创意的火花，好的设计也只能是黄粱美梦了。策略思维，是可以在平时的工作中刻意培养和训练的。

设计的成功与否，在一室程度上也取决于空间是否具有气质之美。诗词以境界为上，设计以气质为先，设计讲究气质之美。设计不论简洁与现代，复杂与传统，最重要的是要有一种脱俗的品相，一种高雅的气质。我认为好的设计要具备以下几种特质：功能性、舒适性、设计感、气质美、精致性。而气质美是其重要条件，它来自比例的美感，如形态的比例，材质、色彩搭配的比例，空间的比例等。精致优雅的气质之美，需要于节制与松弛之间寻求平衡，在理性的秩序与艺术的自由之间找到平衡，一切都是刚刚好的，这样的设计才会令人赏心悦目。

深圳市李益中空间设计有限公司设计总监 李益中

C目录
Contents

邓丽司(Alice Deng)

C&C壹挚设计集团创办人
C&C卡络思琪陈设艺术机构艺术总监
C&C 玲珑堂家居品牌设计总监
广州美术学院陈设设计教研组特邀导师

中山大学法学学士，后于美术学院修毕环境艺术设计专业课程。2003年创立壹挚室内设计有限公司，负责监管室内设计项目及软装设计工作。其后为C&C创建卡络思琪陈设艺术品牌，全面负责室内陈设艺术工作，为公司搜罗不同物料，开发原创设计产品及艺术品，并主持高端样板房及商业项目的软装设计。

Q：提问
1. 东方风格最大的特色在哪里？

A：解答
东方风格空间中的每一个物件、每一件装饰品都能回溯到一个更深刻的层面，一个与中国的传统哲学、世界观和美学传统密切相关的层面。通过每一位优秀艺术家创作的逻辑，及其作品所能渲染出来的空间氛围，将不同表象的东西组合起来，用一种由心及物、由内而外的表达方式展现东方文化关于时间、空间、自然、命运和美的思考与表达。

Q：提问
2. 东方风格在设计上有哪些要注意的？

A：解答
现代东方是传统中式风格和现代的西式主义激烈碰撞、巧妙糅合的产物。东方风格最妙之处就是不在于形而在于神，在虚实相生的意境里呈现气韵流转的自然万象。因此在设计东方风格时，如果你对这件事情不是十分确定时，最好做留白处理，在设计上做减法。

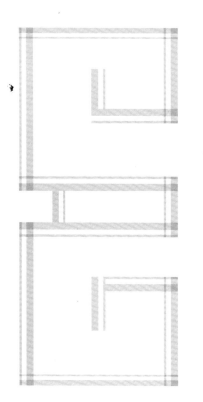

Q：提问
3. 最能体现此种风格的软装是什么，这种产品应该有些什么样的特质？

A：解答
这种产品应该具有东方气质，东方气质它不是仅仅是中国式的，也不是纯粹的传统。它应该是可以连通当代和传统，东西交融但又保有东方神韵的。无需应用具体的传统语言，就能把东方哲学的内涵渗透其中的作品是最能打动我的。

Q：提问
4. 国外的东方风格和国内常见的东方风格空间，有什么样的差异？

A：解答
其实归根到底这是一个文化差异的问题，外国人看东方文化的角度与视野和东方人不同，因而他们的东方风格，与国内常见的东方气质的设计是有差异的。国外的东方风格特别注重在视觉上的效果，而国内的东方设计则更多地注重使用者的生活习惯和行为，是无形却又贯穿始终的设计理念。

对话设计师

Q：提问
5. 居住空间要形成东方风格，要如何规划？

A：解答
设计不是创造美，我们作为设计师更多的是发现美，把大自然以及生活中美的点滴，用设计的语言重新呈现出来，让人在空间中体验和享受。东方风格最注重的是空间绿化、光影和气流等元素的表达和运用，看似平淡无常却能在设计中最大程度上使得人和自然相互融合，是人与自然的对话。

Q：提问
6. 东方风格家居，对使用者的生活有何影响？

A：解答
东方气质的设计会偏重情感的构建，希望通过重现诗情画意的生活场景，同时按照东方人的生活习惯来打造便利舒心的住所，从而使得居住者在这个空间生活能拥有更多的幸福感。

Q：提问
7. 设计过程中，应该如何保持设计理想与现实之间的平衡？

A：解答
在传承东方文化的同时，运用21世纪现代美学简约优雅的理念，将传统和创新融为一体，是我现今为之努力的设计方向。

Q：提问
8. 东方风格的精神是什么，一般人可以自己打造吗？

A：解答
功能、品质、意境都是我非常重视的几个方面，其中功能和品质是最重要的，最后是意境。在我的设计里，任何风格和定位的设计都不允许以牺牲功能和品质为前提来满足展示效果。好的设计应该能够同时兼顾创新性、感官吸引力和实用效果，因为无论室内设计还是软装设计都需要我们设计师解决问题而不是炫技或者展示，更不是装饰手法和物料的盲目堆砌。而意境则是一个空间的灵魂，通过营造不同的空间意境向人们传达不同的生活态度，这样的空间才是真正能打动人的。

Q：提问
9. 在您的设计职业生涯里，有什么重要感想，能否分享一下？

A：解答
对设计的高要求是社会发展到一定程度，人们对生活品质要求越来越高的必然结果。十几年前，能走出国门的人并不多，大部分人并不知道什么是品质，什么是享受，而拥有一个属于自己的房子便已是人生的最高理想。而随着经济的发展，全民素质的提高，人们逐渐并不满足于"有"一个房子，而是有一个"好"房子才是最重要的。人们开始追求品质和品位，这就让室内设计有了专业细分的必要性，软装陈设也就是在这个阶段自然形成的产品。软装设计行业如今是百花齐放但良莠不齐，在未来，只有对品质和设计美学有极高要求，并且注重设计管理综合实力强的设计企业才能存活下来。这是一个机遇和挑战并存的时代，反观欧美的现今，便是我们中国软装陈设行业发展的未来。

保利阳江十里银滩游客服务中心

设计公司：C&C 壹挚设计
软装设计：C&C 卡络思琪
设计师：陈嘉君、邓丽司、贺岚
项目面积：1 200 平方米

设计说明

海陵岛位于广东省阳江市西南端的南海北部海域，风光毓秀，粗犷壮阔，三面环山，以"南海一号、丝路水道"的美誉入选中国十大宝岛；以"南中国海边的明珠"和"阳光、沙滩、海水的完美结合"入选中国最美十大海岛之一。纯朴民风和自然山水造就了海陵岛地域文化的巨大包容性，构筑了海陵岛地域文化的博大精深。神秘的宋代福船"南海一号"满载着宝物历经风雨，驶过岁月变迁，将其装载的青山绿水，千百年的渔家文化，品茶问道的悠闲生活，带到了这海天一色、青山秀水的美丽银滩。

当地制作的捕鱼鱼篓与斗笠，汇聚了岭南渔家文化的智慧，其结构及线条极具合理性和科学性，疏漏有致的竹篾编织而成不同程度上的视觉开放与分隔。本案设计提取当地传统元素：竹、木、丝绸、陶瓷等对空间进行二次设计，以南宋文化为特征，以"海上丝绸之路"为文化背景，打造"身、心、灵"三位一体的健康休闲、养老度假的全新生活方式。通过与当地文化的结合，以家具、工艺品和陶瓷的交错，融入最新的创意，以不同的姿态展现于不同的空间中，以简练大气的手法，使整体气氛呈现出休闲轻松及平和而富有内涵的气韵。

中国最高级别的审美趣味在于意而不在于形，本案恪守非节制的设计手法，仅用木和麻两种天然材质，铺就南宋精英文化的气质——平和、恬静、守慎，会让你感受到安宁和灵魂的升脱。几丛竹、一抹红，是视觉的提点，更是中国文化精神的隐喻，有竹子之节亦有红果之生命力。

真正的东方文化，不是几个图案语汇的生搬硬套，而是设计师将其内化后在气质上的自觉流露，唯有此，才称得上是当代的东方风格。

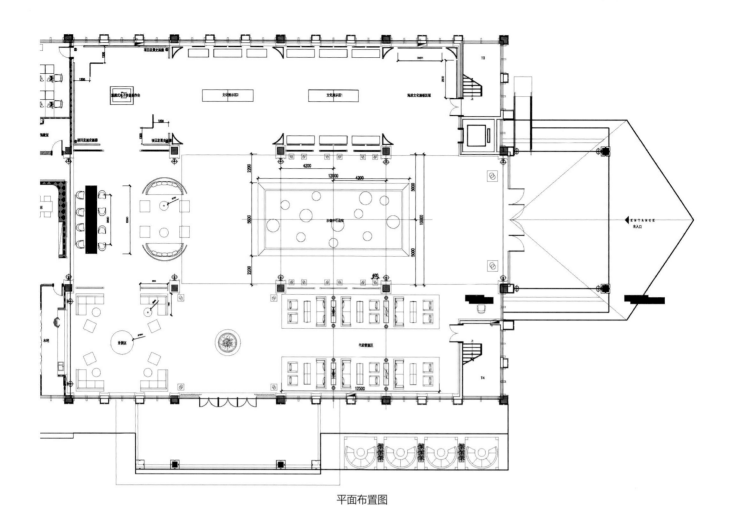

平面布置图

方直 · 珑湖湾

设计公司：C&C 壹挚设计
软装设计：C&C 卡络思琪
设计师：陈嘉君、邓丽司
面积：140 平方米

设计说明

江南的生活是写意的，日子如行云流水般畅快而轻柔，设计师借鉴古时江南的简朴与诗意，来构建一个现代生活的真实"梦境"。

不同的颜色、线条和笔触将居室的不同空间描绘出了春冬两个季节的别样风光，纺丝和粗麻更是体现了自然舒适的朴素情调，是现代生活中的江南景色，拉丝暗古铜饰物的装点象征着对精致的追求，崇尚简朴而不粗糙，有江南人家的细腻。

客厅拥有轻描淡写的情绪，大理石上水墨色的色调带领着空间产生从明到暗的变化，细微处满是富于变化的层次对比，如传统国画般层层渲染，江南生活的写意感受就油然而生。从客厅的冷色调踏入餐厅，如同冬春之交的自然变化，原木与橙金色系的花卉带来了如同大地回春的暖意，头上的灯光宛若和煦阳光照耀。茶室凝聚了一整个春天的灵感，是一户人家的精气神，采用原木、枯枝、粗麻等带来的安宁与温婉，传递出一种由古时输送来的清幽简朴的生活态度，文人雅士的生活情趣从中变得唾手可得，在现代社会中弥足珍贵。

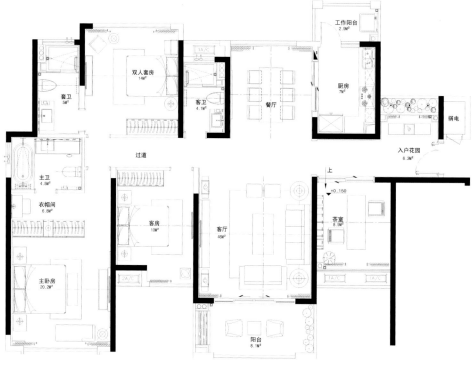

工作阳台
2.9M²

厨房
7M²

弱电

双人套房
14M²

客卫
4.1M²

餐厅

入户花园
6.3M²

套卫
5M²

过道

上
+0.150

主卫
4.5M²

衣帽间
6.8M²

客房
10M²

客厅
40M²

茶室
8.9M²

主卧房
20.2M²

阳台
8.1M²

平面布置图

华标品雅城一期别墅C户型

设计公司：C&C 壹挚设计
软装设计：C&C 卡络思琪
设计师：陈嘉君、邓丽司、文斌华
摄影师：谢艺彬
面积：480 平方米

设计说明

长时间被浸润而孕育成长的人都略带有古典情怀，而这种情怀也慢慢演变成一种生活所需，把这种古典情怀展现在家居上，既可以在最舒适的场所和自己的生活产生强烈的共鸣，增加内心的满足感，又可以体现高雅又淡雅的气质。这是一座三层别墅，一二层是起居室和餐厅，三层则设计作为十分私密的空间，是主人家的卧室和主要活动空间，生活的精致通常以舒适为基本，然后是周到。设计师运用现代东方主义设计，以耐人寻味的卡其色作为主色调，一改往日繁琐冗杂的修饰手法，用沉稳的笔触勾勒出温婉典雅的气质，糅合空间的色调，一切仿佛浑然天成。相近色系完美的跳跃搭配使得空间有着优雅的变化，随处都展示着主人超脱的审美观和悠闲淡然的气质。

首层的客厅主要运用灰色以及卡其色，以一种悠久的东方文化作为基底，加以极具东方韵味的泼墨和挂画的修饰，令其拥有持久感染力的气质，因而客厅在几种颜色和材质的合并调和中，表达出生活的一份优雅，反而有古典的东方情怀。餐厅位于夹层，刚好可以俯视客厅全景。卧室的设计以简洁大气为主，沿袭整体空间的主色调卡其色，丝绸的运用让整个房间看起来更明亮、更有格调，墙壁直接使用花纹和菱形，看起来有点斯文气。

三层的主人房空间较大，设计了多功能使用的空间，有书桌为主导的小型工作角落和用于休闲的小型起居空间，在这里可实现多种活动，方便且舒适。这里设两个露台，从卧室走出去的小型阳台，以及从主卫走出去的豪华露台。主卫的设计已经脱离传统，出于生活需要的概念变成了一个享受生活的空间，加之露台的配合，全部设计如同行云流水，细微处流淌着极富变化的层次对比，却又过渡得悄无声息，透露出现代东方的沉稳与自信。

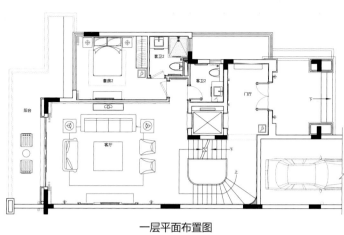

一层平面布置图

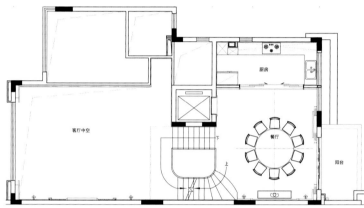

负一层夹层平面布置图

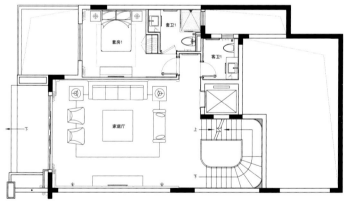

负一层平面布置图

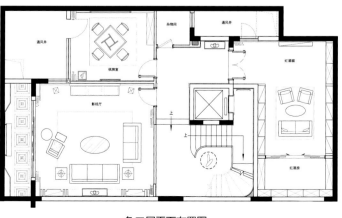

负二层平面布置图

二层平面布置图

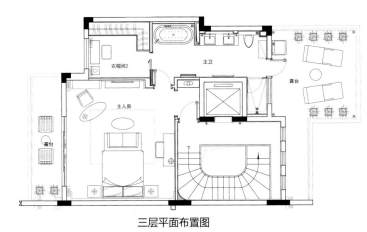

三层平面布置图

林金华

品川设计董事、总设计师、高级室内建筑师、中国建筑学会室内设计分会（CIID）会员，2002年毕业于福建师范大学美术系，2011年完成清华大学环境艺术设计研修课程。

获奖情况：
2009年中国室内空间环境艺术设计大赛酒店空间（方案类）优秀奖、住宅空间（工程类）优秀奖；
2010年中国国际空间环境艺术设计大赛办公空间（工程类）优秀奖；
2011年度Idea-Tops国际空间设计大赛——"艾特奖"提名。

Q：提问
1. 东方风格最大的特色在哪里？

A：解答
东方风格是一种很吸引人的风格，它最大的特点在于它所具有的包容性和感染力。我们经常用"灵气"来形容东方风格，说的就是东方风格的这两个特点，它可以用一个很小的设计来体现一个时代的文化，也可以用一个很小的设计，让整个空间都带上东方的神韵。

Q：提问
2. 东方风格在设计上有哪些要注意的？

A：解答
注意不要生搬硬套。东方风格其实是一个很大的概念，日式、中式都算东方风格，每个时代的东方风格也都不一样。在这么大的设计概念里，不是所有的东西都会适合当代的家居，所以设计上要注意因地制宜，把握住风格的核心就好。

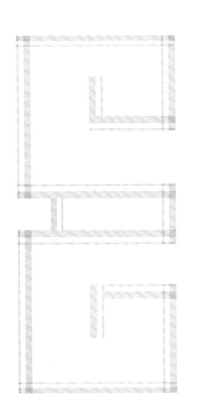

Q：提问
3. 最能体现此种风格的软装是什么，这种产品应该有些什么样的特质？

A：解答
其实一个空间的风格不是凭一两件软装可以确定的，应该是许多软装的搭配呈现出来的。相对比较能体现风格的是沙发这类大型的家具，以及挂画、壁纸之类的装饰物。产品特质的选择要看具体的运用，合适的就是最好的。

Q：提问
4. 国外的东方风格和国内常见的东方风格空间，有什么样的差异？

A：解答
不同时期的不太一样，早期国内的东方风格设计中会有很多十分明显的象征图腾，例如敦煌的壁画，龙凤之类的，现在就较少运用，现代的一些国外设计师设计的东方风格有很多值得欣赏的地方，他们很灵巧，会加入很多新的表现手法，表现出来的效果也很地道。

对话设计师

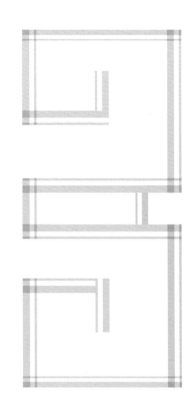

Q：提问
5. 居住空间要形成东方风格，要如何规划？

A：解答
规划一个空间一开始就要将风格完全确定下来，确定了一种风格再去想如何表达，先按空间动线考虑使用者的便利，把大框架定下来，然后再在这个基础上去考虑细节处的设计。重要的是以人为先。

Q：提问
6. 东方风格家居，对使用者的生活有何影响？

A：解答
东方风格是一种比较重视韵味的风格，在这样一个环境里对使用者的心境是有影响的，会比较容易静得下心。

Q：提问
7. 设计过程中，应该如何保持设计理想与现实之间的平衡？

A：解答
设计过程中构思可以天马行空，但要落实到图纸上就要考虑设计的可行性，这样才能保证最终的效果和设计效果最接近。

Q：提问
8. 东方风格的精神是什么，一般人可以自己打造吗？

A：解答
东方精神可以用"宽可容人，厚可载物"来概括，东方风格概念很大，每个人心中的理解可能都不太一样，所以谁都可以打造自己的东方风格。

Q：提问
9. 在您的设计职业生涯里，有什么难忘的经历吗，能否分享一下？

A：解答
从事设计行业这么久，难忘的经历很多。总结一句话就是用心去感受，快乐设计快乐生活，从设计中发现生活之美。

Q：提问
10. 推荐几个您欣赏的设计师和几本优秀的设计类图书吧，为什么是他们而不是其他人呢？

A：解答
设计师吕永中，他是半木品牌的创始人兼设计总监，他开创了新中式家居的新高度。
设计师郑忠，香港郑忠设计事务所创始人，拔高了中国酒店设计的高度。

融林星海湾

设计公司：品川设计
设计师：林金华
面积：165 平方米

设计说明

中华历史的悠久，造就了中式装修风格的婉转绵长。不同于欧式风格的奢华和现代风格的简约，中式风格的家居就像一首华丽的长诗，每一处都值得细读。

入门后，绕过玄关，最先见到的空间便是接人待客的客厅。玉石材质的电视背景墙和几枝红梅相衬，有"疏影横斜水清浅，暗香浮动月黄昏。"的意境，碧绿通透的是水，暗香浮动的是梅。

阳台用暗红色的门帘打造出中式门楣效果，配合古朴大气的中式家具，为客厅增添了一丝婉约，颇有"庭院深深"的意味，此时再加入小荷地毯，一切就浑然天成。

餐厅和客厅连成一体，在地坪的设计上以大理石为边，中间铺着玛宝木，构成围合式布局，让空间显得更加规则、温馨。素有"木中钻石"之称的玛宝木低调地演绎着中式的奢华感。

餐厅的另一侧，内包的阳台布置成小小的书房，点一炉檀香静静看书。往左，落地窗外是"宝马雕车香满路"；往右，家中是"笑语盈盈暗香去"。餐厅后面，白色的墙面做成屏风的感觉，用油画在墙上仿国画做出泼墨效果，并不刻意去隐藏油画的笔触，看似粗犷，实则是为了营造出空间肌理感，打造灵动空间，是设计师最为细致之处。

过了客厅和餐厅的区域，尽头的第一个房间便是主卧。床头背景装饰着真丝花鸟硬包，一进来便读出"春眠不觉晓"的意境。同样的玛宝木地板，吊顶上同样的实木线条，同样的实木门框和踢脚线，一切都是相互呼应的，都在强调着整个空间的一体。床头两边点缀了一点点玫瑰金的镜面，让光影在这个空间显得更加生动。

如果用大气明朗形容主卧，那么次卧，就必须用清新悠远来形容了。吊顶和床头背景连成一片，把原本不大的空间在视觉上做了一个延伸。而本该是墨荷的画面上，花瓣却偏偏带了一点粉红，栩栩如生，也耐人寻味。

中式风格的装修宛若长诗品读不尽，无声地倾诉主人的悠然自得，高远自在。

慢，不是拖沓，而是生活的一种状态。设计师在家居设计的过程中，通过对家的风格提炼，从舒适度以及对空间尺度的掌握上，为业主量体裁衣，打造出一个具有文化内涵的个性空间。例如家具的舒适感、灯光的柔和度、颜色的搭配等方面。当然，这样的设计并不是材料的堆砌，而是要做到人造环境与自然环境完美结合，既要采菊东篱下，又要悠然见南山。

黄书恒

台北玄武设计/上海丹凤建筑主持建筑师

英国伦敦大学建筑硕士，台湾最大建筑商"远雄集团"合作首席设计师，系列造镇计划主要推手。
1998年，于台北成立黄书恒建筑师事务所。
2004年，成立玄武设计。
2010年，成立上海丹凤建筑。

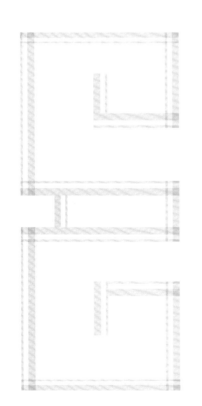

Q：提问
1. 您的设计理念是什么?

A：解答
我的设计理念特别讲求"东西方融合共生"。我喜欢将历史、古典的元素与现代场景纷呈并置，借由冲突刺激思考，也可称作是新的混搭风格。先于空间里构思一条故事轴线，来指引我的设计，即"故事性空间"。以及在空间中隐藏风水法则强化空间磁场，使空间中的人与事物保持最佳能量状态。

Q：提问
2. 何谓设计故事性空间？

A：解答
"东方威尼斯"（苏州水岸中式秀墅）和"西方苏州城"（苏州水岸西式秀墅）是我作品中典型的例子，两者基地皆位于苏州。"东方威尼斯"——苏州，一座水色盈溢的古老城市，玄武设计将《马可·波罗东游记》作为故事主轴，以西方探险家与东方大汗的晤面机缘，巧妙转化为中西混搭偏向中式的设计风格。"西方苏州城"则是遥想将西方水都威尼斯迁移至东方中国，会激起怎样的火花? 设计风格依然是中西融合但偏向西式。

Q：提问
3. 何谓东西方融合共生? 举例说明。

A：解答
延续上题的"东方威尼斯"和"西方苏州城"。苏州的湖水碧绿所以软装配色多为绿色，入口玄关的繁复金色窗花屏风，中国风的漆器金箔鞋柜，中国红艺术品端景。餐厅壁饰为银杏线板，出风口为铜币造型，两者均为中国风，其上方装饰羽毛片状的西式水晶灯。主卧中式柱床，牦牛椅象征蒙古大汗的东方风格。主卧浴室的中式浴柜、圆镜以及青花瓷面盆都是东方元素的运用。地下室的视听室设置了西式的鹿角装饰及电子壁炉。中式设计比例远大于西式。
"西方苏州城"为维多利亚风格，故设计大多采用蓝色调，也呼应威尼斯水都湛蓝海洋的印象。餐厅有一复古壁炉呈现精致的英伦风韵，同空间设置的东方鸟笼椅更强调中西合并的冲突美学，客厅的弧形圆拱则降低了视觉压迫感，空间中的古典柱与罗马柱展示柜更显西式风范。拼贴墙的墙缝嵌入一盏盏小型LED，微微灯光仿若点点星光。设计风格明显以西式为主。

Q：提问
4. 在您的设计职业生涯里，有什么难忘的经历吗，能否分享一下？

A：解答
我早年赴英国研习建筑，伦敦科学博物馆收藏前辈科学家的诸多发明，让我深感震撼，故而开始迷恋机械美学，希望有朝一日能设计出"变形金刚"般因应周围环境及使用机能而改变造型的住宅。现在公司里有研创部，埋首于机械美学的家具设计，也已配置于办公室内。值得欣慰的是我们连续两年受到有"室内设计奥斯卡奖"之称的英国Andrew Martin国际室内大奖的肯定。

对话设计师

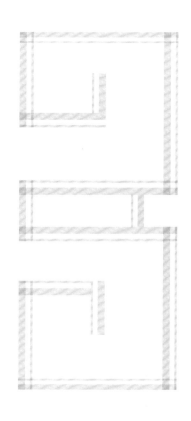

Q：提问

5. 公司设置家具研创部说明营业范围扩大至产品设计领域吗？从建筑设计与室内设计跨界至产品设计差别会不会很大呢？

A：解答

我觉得这样的跨界设计是种新的趋势。一个好的设计师，应该是不分设计界限的，而一个好的室内设计师必须懂得家具家饰设计，否则设计的把握会少了一半。不能说门槛以外归属建筑，门槛以内归属室内设计，所以我对自己的定位是不会做具体区分的，我喜欢做室内设计也喜欢产品设计。明年玄武设计将推出新的家具品牌SHERWOOD KINETIC，这便是一个美好的设计连结。

Q：提问

6. 在您看来，好的室内设计如何提升生活质量？

A：解答

好的设计不仅要有品位、有价值，更不能忽视"平面优化"，无论是寸土寸金的都市大厦，还是视野辽阔的乡村平房，将有限空间恰如其分地进行分配，才能发挥最大价值。使完整功能配置与流畅动线相辅相成，这正是和谐生活的基础，也是实现身心享受的唯一途径。

Q：提问

7. 推荐几个您欣赏的设计师吧，为什么是他们而不是其他人呢？

A：解答

我比较喜欢的设计师是菲利浦·斯达克(Philippe Starck)。因为他在设计、商业整合与对自己的形象包装都有自己独到的策略。我喜爱他大胆、有创意且具有幽默感的设计，像现实般的幻境。我也欣赏他对设计的态度及隐藏其后的设计方法。在分析菲利浦·斯达克近期的设计手法时，我发现其主张软装更胜于硬装，我们设计方向也是如此。

Q：提问

8. 有没有要劝勉后辈设计师的话呢？

A：解答

好的设计除了要能符合业主的空间需求外，还必须能触动人心。设计师在具备良好的设计专长外，在人情世故上也需知一二，既能与业主、施工单位沟通达成协议，又能实现自己的设计理念也是一门学问。而随着亚洲的经济崛起，华人设计师屡获国际大奖，正是东方势力蓬勃向上之际。依我之见，东方正兴起文艺复兴，只要两岸设计师齐心，一定能反转西方文化的影响，让东方文化再次成为主流。

苏州水岸中式秀墅

设计公司：玄武设计

设计师：黄书恒、林胤汶

软装布置：吴嘉苓、张禾蒂、沈颖

摄影师：王基守

撰文：程歆淳

面积：357 平方米（含庭园）

主要材料：海南黑洞石、希腊白大理石、蛇纹石、金箔、白橡染棕木皮、酸洗镜、镀钛黑、白色崖豆木

设计说明

苏州，一座水色盈溢的古老城市，与意大利威尼斯一样，具有绝佳的水乡风景与细致的人文风情，春风拂面，细柳垂杨，清淡的城市笔触，总能予人无限遐思，而建构于悠久历史上的现代景观，使此地于中西交融外，更呈现古今对话的可能，空间与时间尺度的堂皇交错，铺就了苏州水岸秀墅的底蕴。玄武设计将《马可·波罗东游记》作为故事主轴，以西方探险家与东方大汗的晤面机缘，巧妙转化为中西混搭风格，利用湖水色泽的深浅递变，于家饰的传统线条与硬装的现代材质之间，呈现专属于苏州的柔婉气韵。

东西交融　刚柔并置

踏入玄关，取材自知名建筑师莱特(Frank Lloyd Wright，1867—1959)的繁复窗花映入眼帘，装饰主义的流利线条，与对口鞋柜的金箔花样遥相呼应，体现东西元素的戏剧张力；几扇鎏金窗花深嵌壁面，为客厅点缀古韵之余，亦成为串联视觉的利器，设计师进一步利用镜面不锈钢天花的反射效果，转化了空间比例，增大了空间效果；延伸线条起伏，餐厅以出风口串起内凹天花板，划分着客厅与餐厅界线的同时，亦使视觉倍加开阔，显露豪宅气势。

深浅纵横　隽写风韵

于色彩方面，玄武设计特以湖绿为底，将传统元素（如铜钱纹沙发）与现代工艺紧密结合，透过比例转换，如餐厅壁面长方形，即是模拟竹简质感，呈现古朴的东方韵味，二楼壁板虽为中式风格，侧面却以亮面材质藏匿花俏；或以色彩变奏，如客厅窗帘选用明黄跳色，转至卧室，便选以不同层次的草绿与黛绿等，于古意盎然的廊室内，体现"中西混搭"的风情——如马可·波罗远渡重洋抵达中国，与忽必烈大汗把酒言欢、相互馈赠的和谐景致。

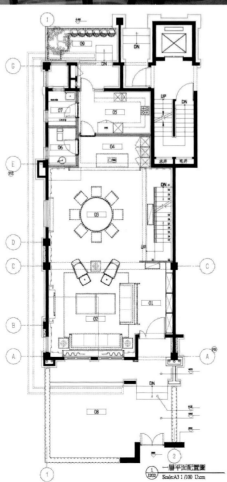

平面布置图

远雄新未来E1户型样板房

设计公司：玄武设计
设计师：黄书恒、欧阳毅、陈佑如
软装布置：胡春惠、胡春梅
摄影师：王基守
面积：84平方米
主要材料：黑檀木、柚木、橡木染灰木皮、雪白银狐石石材、深浅金锋石石材、黑云石石材、金箔、茶镜、定制雕花板、进口壁纸、进口马赛克

设计说明

新中国风：典雅会馆

所谓的新中国风，在于援引中国文化、生活中的传统意符，经过与现代精神、技术的结合，在色彩、气韵、意境等方面的创新表达。

在本案中，设计师大量运用传统的中国空间语汇，如屏风、灯笼、桌几、织品、花艺、瓷器等装饰性语言，撷取其精神与内涵，做线条或象征上的改造，重新陈列设计，在空间中互动融会，铺陈出全新的中式风格感受。

浑然天成，神秘优雅

入门处的黑色独立屏风与织品，画龙点睛带出了中式空间里的神秘与优雅韵味。玄关大理石地板的通宝，或中国结象征的美丽图腾，让参访者一登堂入室，便能感受到独特的中式浪漫与华丽感。玻璃筒状的烛型吊灯，如一只透明灯笼般，与地板的图案相映成趣。金框镜面衬着黑色条栅式的屏风，创造出中国古典宫廷的现代美学。

客厅银狐大理石的壁面，置入突出的黑云石电视柜体，让现代科技在中式风格中的出场，并不显得突兀。柜体旁刻意挖空，置入镜面与中式桌几、摆饰，让空间意蕴深厚，却能深浅出入，有令人眼前一亮之感。

屏风是过渡空间常用的工具。客厅沙发背后置入中式风格屏风，以拉高尺度、透空的几何图案变形设计，与开放式的书房相邻，成为功能区域间隔的界限。空间通透，创造出一个若即若离的共享空间。光影隐隐映现地面，曼妙生姿。由白色筒形的灯笼改造成的吊灯，显得如此轻盈，高姿态却不刻意强调中式大宅的地位。

情深韵远的人文情思

餐厅摆设与壁面的图案，接续新中国风的古典品位。书房与主卧的家具线条力求简单，却透露出一丝东方情韵。书房沿用灯笼式立灯，主卧则在墙壁上使用镜面，采用中式几何拼花屏风的设计，织品的色泽与质感则低调而饶有韵致。

最特别的是开放式的更衣间，简约的线条维持一贯的语汇，以深色玻璃维持适当的隐私，却也带着几许东方秘境的意味。

次卧也使用镜面加大空间，漂流木与开放式橱柜的红色壁面，也明白示意出新中国风的设计。

熟悉中西合璧风格的美国设计师Kelly Wearstler说："传统中式风格的奢华浪漫，结合现代室内设计的简洁优雅，焕发出新的魅力。"新中国古典风的深厚魅力，连西方设计师也难以抵挡，赞叹不已。

综观全案设计，设计师运用了中国文化里情深韵远的空间语汇，打造出全新典雅会馆式的中式豪宅。虽不以"画栋雕梁，龙凤争春"的俗艳取胜，却有"画堂人静，朱阑共语"的人文情思，着实将新中国古典风的新魅力发挥到极致。

林开新

林开新设计有限公司创办人，大成（香港）设计顾问有限公司联席董事。

社会荣誉：

2013年台湾室内设计大奖"TID奖"，IFI国际室内设计大赛一、二、三等奖，"金外滩"上海国际室内设计大赛最佳设计奖。

2014年A&D建筑与室内设计最佳奖、香港APIDA亚太室内设计大赛金、银、铜奖。

2015年Best of Year Awards、德国IF设计大奖、A&D建筑与设计最佳生态设计奖、现代装饰传媒奖年度休闲空间大奖。

Q：提问

1. 东方风格最大的特色在哪里？

A：解答

东方风格最大的特色在于其蕴含的精神哲学及其背后的生活方式，如禅椅，之所以那么宽大，是因为打禅的人需要盘腿坐在里面修禅。南官帽椅、太师椅的椅背都很直，是为了让坐着的人保持优雅的姿态以体现尊贵的地位。

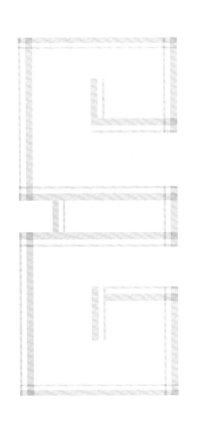

Q：提问

2. 东方风格在设计上有哪些要注意的？

A：解答

21世纪有21世纪的物和形，设计的表现形式也应该是符合这种物和形的潮流趋势，我们生活在当代，绝不能照搬古人的物和形。但是古人的某些生活状态还是值得推崇的，比如讲求天人合一、修身养性，设计师应该将这种生活方式延伸到当代的设计中，令空间的精神层面有质的提升。

Q：提问

3. 最能体现此种风格的软装是什么，这种产品应该有些什么样的特质？

A：解答

茶道、香道、花道陈设。这些都未必是一种形式，而是一种修行，注重回归本心，讲求人与自然的结合。

对话设计师

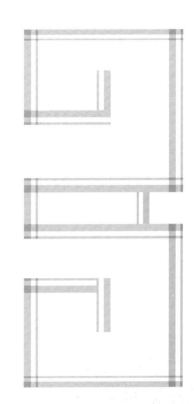

Q：提问
4. 国外的东方风格和国内常见的东方风格空间，有什么样的差异？

A：解答
主要是表现技法上的差异。这从东西方艺术表现手法的不同便可窥一斑，东方使用毛笔、水墨，寥寥几笔勾勒出山水的味道，而西方则通过严谨地搭配水彩比例来画画。不管是徽派建筑、山西建筑、三坊七巷，东方建筑格局中轴线和横轴线层层递进，讲究给人以惊喜，而不是像西方园林一样一眼览尽。

Q：提问
5. 居住空间要形成东方风格，要如何规划？

A：解答
这要从两个方面去考虑。有的业主追求东方风格纯粹是为了视觉上的满足，这时就很可能出现从表面的符号、色彩关系、文物收藏等方面去体现的情况。有的业主是生活本身就有需求的，比如喝茶的人会需要喝茶功能区，这期间会产生香道等一系列把玩的物品，空间自然而然就会呈现出一种东方情趣。

Q：提问
6. 东方风格家居，对使用者的生活有何影响？

A：解答
不管什么风格，空间设计一定要灵活。因为随着使用者年纪的变化，对空间的需求会不同。有的人只是为了视觉美学追求东方风格，最后只会成为一种堆砌。所以设计一定要适合使用者的生活方式，要让使用者的生活参与进去而不是单纯摆设，才能发挥最大的价值。

正祥香榭芭蕾样板房一

设计公司：林开新设计有限公司
设计师：林开新
参与设计：余花
面积：90 平方米
主要材料：大理石、实木、艺术涂料

设计说明

空间，不仅仅只局限于空间中具象的物，更注重贯穿其中的美学气质和文化底蕴。就本案设计而言，其开合有序的空间，厚实而朴质的氛围，使东方的淳朴底蕴与西方的简洁利落有了美好的交汇，激荡出更有意境的生活愿景。当镜头随着功能需求而起伏推移，动静之间，每个片段都在与宇宙对话，色彩、材质、形状、架构等，每一个生活仰角，在当下都真实存在并赋予感官特有的记忆。本案设计师正是看准了当下流行的悠活时尚，于是用最温暖的材料，创造出了一片独具风情的天地，不论你在哪个角度，都有完美的视角伸展。

山境院宽揽天下，休闲生活私享旗山，本案设计将度假与文化植入空间意境，传承八闽文脉的同时，又赋予空间简洁明快的现代感，使其在丰富的轮廓下，保持视觉的连续性和内在气质的统一感，体现深藏国人心中的最高生活境界：远离城市喧嚣，偷得浮生半日闲。设计师奔驰在思考的边界，流泻在空间基调里的思想精粹无所不在，氤氲出充满活力的美好景象。所有元素紧密地契合，超越时间和一般创作形式，自由滋长，没有过度地强调实用，没有多余的条条框框，只希望能满足一部分对生活有追求的人单纯而美好的梦想。

样板房是一个楼盘的脸面，其好坏直接影响房子销售的好坏。每一个样板房设计的定位都与卖点紧密相连，同时特别强调感官效果。样板房设计跟普通私宅设计有着明显的区别。普通的住宅是为某个个体服务，为了满足家庭生活的需求。而样板房是针对某个特定的客户群体，是为了市场而设计的产物，"它是一个展示空间，而不是居住空间。它更注重将艺术的一种表面形

平面布置图

态展示给目标消费群体的一种可能性。" 此外，空间的最大化也是本案设计的另一重要追求，设计师通过空间分割形式和家具尺寸的合理安排，营造更为宽敞开阔的空间效果。同时设计形态上也会倾向夸张化、艺术化，来营造迷人的氛围。

本案的定位介于城市生活和旅游度假之间，既不像东南亚风格那样纯休闲，也不拘泥于传统的都会奢华印象。本案的空间场所坐落于福州旗山脚下，既远离市区，又与市区有着千丝万缕的联系。它独特的亚市区地理位置、旅游胜地背景以及偏年轻化的市场需求特点，决定了它的空间主题特色和创意焦点。这个90平方米空间的创新设计概念，旨在提供给客人纯粹的空间享受。整个空间结构的规划与所处的地域文化脉络吻合，超越了传统样板房的功能，更容易唤起欣赏者内心的情感呼应。

空间内部，木色几乎占据了大部分的色调，多元化的材质以创意的手法出现在高低错落的体量上，透过完全的元素拆解、重组，构筑另一层唯美永恒的生活意象。木质天花、墙面将整个空间包覆，区隔了都市的纷扰；地毯和抱枕上的木纹与水纹图案，似是提炼了旗山自然景观的妙趣，让度假的氛围在空间中静静沉淀。设计师还利用随意摆放的座椅和艺术品来点缀空间，以增加空间的活力和休闲感；纵横交错的天花上悬挂着简单的灯饰，星星点点，不规则地跳跃着，十分浪漫；灵活的隔断形成斑驳的光影，给予客人一段沉浸在故事中的陶然时光。

正祥香榭芭蕾样板房二

设计公司：林开新设计有限公司
设计师：林开新
参与设计：陈青青
面积：120 平方米
主要材料：大理石、木皮、墙纸、仿古镜

设计说明

设计如同一首歌曲的创作，唯有跳脱既定的框架，掌握多变元素才能调和出经久不衰的旋律。样板房设计是居住的商业化设计，既要考虑到设计的艺术性，又要考虑市场的可行性。毕竟它首先是一个非生活化的空间，它的存在是为了吸引一部分客人喜欢和购买，所以它更注重空间的形式感和艺术效果，满足目标业主追求"艺术生活化、生活艺术化"的置业理想。因而，在实际设计中要考虑让顾客在里面消费，感觉舒适，流连忘返。要善于把艺术之美融于空间，借助艺术对象与设计语汇的默契配合，交织出如梦似画的人文情境。

每一种装修风格都有其特定的文化背景作为支撑，以此来传递特定文化氛围中人们的生活需求。本案这个新中式风格空间以中国传统文化作为背景，走进古雅与时尚的交错，便是玩味这个作品的起始。厚实的木皮肌理用温润沉淀心灵，纵横交错里又见金属的刚硬，天然与人工的冲突，激荡起不同层次的人文精神，在喧哗的都市中构筑一隅清香。整个诗情画意的空间里，舍弃多余的夸张装饰，让空间场域回归最纯粹的舒适与宁静，让人感受到恬淡生活中的无拘畅快。

儿时记忆中的水墨痕迹，镂空花格，把仿古意象铺展到每个角落，处处都萦绕着古色古香的中式韵味；秀润淡雅的中式写意画，是最引人入胜的风景，疏密有致的笔墨山水与生活相映成趣，精彩的古今交融，使流转千年的文化精粹在此重现。这是一个悠闲而注重生活品位的样板空间，灿烂缤纷的遐思在这里被简化成了黑白两色，只剩下光与影的交错；翠叶白花消融了娇艳，只留下姿与色的馨香。墨的浓淡或深或浅，将花花世界的尘俗洗净，穿插着灰色氤氲的调子，生动而空灵地创造出了一番人间仙境。在这里可以忘了时间，忘了琐事，忘了一切繁杂的事物，只是静静地享受生活。

设计师借鉴上海悦榕庄的风格路线，将其度假概念移植过来，致力打造"都市里头的休闲生活"。整体空间颜色沉稳大方，以棕色系为主。布局简约流畅，颇具休闲的风情，包括它的陈设都非常随意，给人一种放松的氛围。纵览全景，西式格局对比中式神韵，激发后现代与古历史的对话空间。设计师精准地把握了目标客户的思想情感、人生的向往，将其注入环境设计中去，通过"意境"将其立体地再现于现实中，使人入其境，则忘乎其身。悠闲舒适的感觉里带进现代线条、建筑语言，与中式气韵重叠，佐以一幅画、一盆花，隐隐之中有着柳暗花明又一村的惊喜。循着光影轨迹，心跳的节奏不由自主地减缓。

本案的目标客户群体定位为年龄35岁以上性格沉稳，具有一定经济基础和鉴赏能力的高端人群。设计师以其独到的设计笔触，于私人领域中诠释个人品位，将东方古朴的气息与现代设计的微妙协调，转化为耐人寻味的意境。将世间的纷扰与嘈杂涤荡于澄清的净水，以如墨般浓烈的深情勾勒出倾倒众生的意象，提炼了尘世凡俗的灵气与精神；实现了现实景致与内心理想的平衡，堪称同类样板房设计中的翘楚。

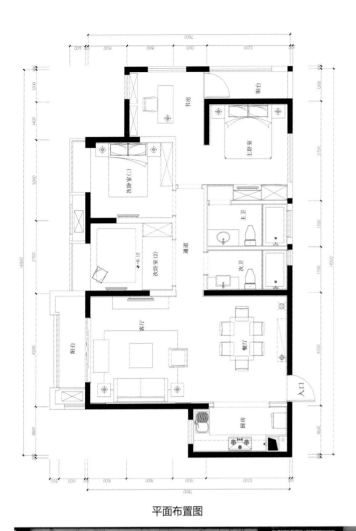

平面布置图

林登峰(Alan)

深圳百达陈设艺术顾问有限公司董事、设计总监
资深室内建筑师，全国杰出青年室内建筑设计师

社会荣誉：
2012年"艾特奖"酒店提名奖；
2012年第二届亚太酒店设计协会年会酒店设计单项金奖。

Q：提问
1. 东方风格最大的特色在哪里？

A：解答
在于东方元素在设计上的运用，在现代设计中融合东方文化的底蕴，让华丽浓郁和简洁纯粹交相辉映，营造出自然与平和的别样东方浪漫。

Q：提问
2. 东方风格在设计上有哪些要注意的？

A：解答
东方风格强调复古风格的运用，表达对清雅含蓄、端庄丰华的东方精神境界的追求。讲究线条简单流畅，内部设计精巧。

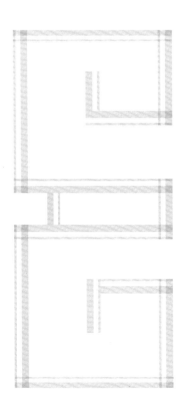

Q：提问
3. 最能体现此种风格的软装是什么，这种产品应该有些什么样的特质？

A：解答
大件的沙发、桌椅等，以朴素大方、优美、舒适为标准。简洁美是这种产品最主要的特质。

Q：提问
4. 国外的东方风格和国内常见的东方风格空间，有什么样的差异？

A：解答
文化积淀与审美情趣的不同造就了国内外东方风格的差异，两者直接的差异主要是色彩差别和构造差别，国外主要以单色为主，色彩比较华丽，结构主要以直线为主，国内相对以鲜亮和古朴的颜色为主，构造方面主要以曲线为主。

对话设计师

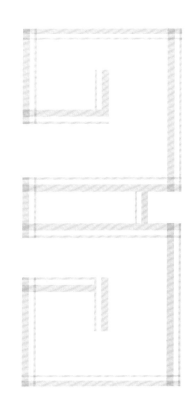

Q：提问
5. 居住空间要形成东方风格，要如何规划？

A：解答
东方风格非常讲究空间的层次感，依据住宅使用人数和私密度的不同可以使用屏风或书架来区分功能性空间，展现出中式家居的层次美；在空间色彩的运用上把各种深色色调的色彩搭配来打破单调沉闷感，增加空间色彩的层次感。在家居布置中，多用带有东方风格的装饰物品，比如字画、收藏品和历史家具摆设。东方文字是独具特色的，墙上一幅书法就可以清晰表达东方风格。

Q：提问
6. 东方风格家居，对使用者的生活有何影响？

A：解答
东方风格家居在设计上继承了传统文化的精华，每件装饰都能令人对过去产生怀念，对未来产生一种美好的向往。在以自己熟悉的民族韵味打造的环境中生活，心理上可以产生舒适的安定感。

Q：提问
7. 东方风格的精神是什么，一般人可以自己打造吗？

A：解答
"禅"最能体现东方风格的精神，禅讲究人与精神的统一。相信喜欢东方风格的人，也是期望达到这种境界的。相信每个人都可以做到。

Q：提问
8. 推荐几个您欣赏的设计师和几本优秀的设计类图书吧，为什么是他们而不是其他人呢？

A：解答
季裕棠、Kerry Hill等这些大师他们独特的个人魅力和无人能及的设计理念征服了每一个人。每位大师对设计都有热忱和敏锐的洞察力，无论是在建筑、室内设计，还是景观上都有着创新精神和睿智。同时他们的设计作品和亚洲的东方情怀融会贯通，也使我们能从更多的角度来欣赏我们熟悉的东方风格另外一面无与伦比的魅力。

广东檀悦豪生度假酒店

设计单位：深圳百达陈设艺术顾问有限公司
设计师：林登峰、陈振东

设计说明

檀悦豪生度假酒店(Howard Johnson Resorts&Spa)位于广东省风景如画的双月湾沙滩之上，东靠红海湾，西临大亚湾，南向浩瀚的南海，北接平海镇；可全方位、零距离观赏壮丽海景和享受私家沙滩，酒店紧邻全球大陆架唯一的国家级海龟自然保护区。酒店占地7万平方米，拥有780套豪华客房。

酒店大堂沿基地纵向中线直到大海作为整个项目的"中枢神经"，其两侧园林景观布置，以最大限度保证视线的通畅性，形成一个度假、居住和娱乐休闲相结合的全新酒店。酒店配备了2万多平方米的配套设施，如超大保姆型儿童俱乐部、100米云霄恒温泳池、空中书吧、屋顶观海酒吧等。

设计融合了浓郁的东方风格和客家人文内涵，并将滨海度假的精髓在"笔不周而意周"处尽显，塑造出一种别样的度假风情。东方文化讲究追寻真我，皈依心灵；外修身，内修心，设计上讲究空间的营造，从而使身体和心灵得到放松与调养。崇尚原生态格调，在细节上体现低调的东方内敛，创造出纯净自然的氛围，营造出深层次的感受。

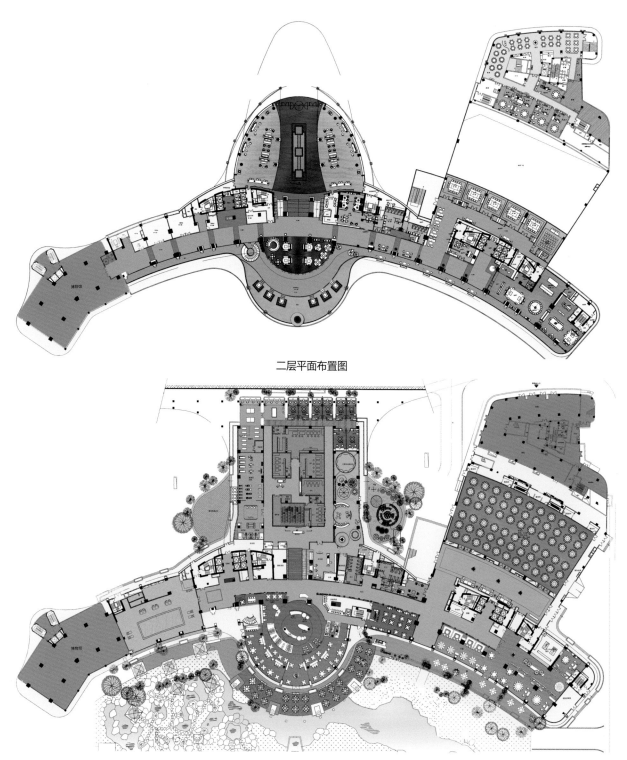

二层平面布置图

一层平面布置图

标准间平面布置图

赵牧桓

赵牧桓室内设计研究室设计总监
APDC国际设计交流中心高级认证设计师

社会荣誉：
被评选为全球100大最杰出别墅设计师，作品收录于《100 Best House》；
被评选为全球127位最优秀设计师，作品收录于《全球127位室内设计师访谈录》；
"金堂奖•2015 中国室内设计年度评选"年度优秀酒店空间设计作品；
2015年，荣获台湾"金点设计奖"。

Q：提问
1. 东方风格最大的特色在哪里？

A：解答
应该有两个部分，一个是核心的精神部分，另一个是表面的装饰特色。核心精神牵扯到的内容比较多，比如说意境，如禅意，它是比较内敛的，讲究和自然的联系。表面装饰的部分涉及的内容就很多，包括雕刻，以及装饰的一些图案符号等。我觉得这是东方风格比较大的特色。

Q：提问
2. 东方风格在设计上有哪些要注意的？

A：解答
首先必须注意，东方风格范围很大，中式、日式、泰式、印度式等都泛属于东方风格，但几者之间的差异还是很大的，当然如果泛指东方风格我也比较偏向于中式或者日式的空间调性。因此，我觉得在做东方风格的设计时还是要先做一个清楚的风格定义，把握住原本设定的方向并且彻底执行到底。

Q：提问
3. 最能体现此种风格的软装是什么，这种产品应该有些什么样的特质？

A：解答
我觉得一部分是家具，东方的这种调性，有一定的样式要求，特别是我们作为中国人对中式风格还是比较了解的。但偶尔也可以选用一些现代的东西来和东方风格装饰做对比。而其他的软装饰品也有很多，但因人而异，可以很现代，也可以很简约。在色彩的运用上现在也比较创新，会使用一些比较跳跃的颜色，但我觉得整体设计还是要符合原本的设计概念。要先决定是要一个冲突很大的设计，还是要一个稳重且隐忍思考的空间，才能再去思考空间内软装的搭配。

Q：提问
4. 国外的东方风格和国内常见的东方风格空间，有什么样的差异？

A：解答
外国人在解读东方风格时跟中国人相比还是有一点差异的，比如说像Kerry Hill，或者说是刚过世的JAYA，他们所做的中式空间，比较好的部分是他们不仅能取到形，还能取到东方风格的意，所以他们能把东方风格要表达的意境表现出来。我觉得现在中国人在做东方风格的时候，往往只在意东方的形，而忽略了其中的意，所以反而现在好像我看到的做得比较好的还是外国人。

对话设计师

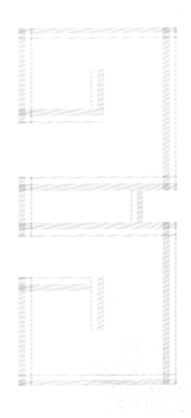

Q：提问
5. 居住空间要形成东方风格，要如何规划？

A：解答
平面上，有些部分就可以采用东方风格比较传统的表达方式，比如说动线的规划，业主从玄关到客厅，一步一步规划出来，才有这种景深的层次。

Q：提问
6. 东方风格家居，对使用者的生活有何影响？

A：解答
东方风格的家居对中国人而言其实是一种很接地气的感觉，一种回到家的感觉，能直抵内心深处。

Q：提问
7. 设计过程中，应该如何保持设计理想与现实之间的平衡？

A：解答
设计过程中，其实理想与现实之间永远是冲突的，必须不断地去修正，找到其中的平衡点，我个人比较偏向理想，希望做出来的东西会超过预期。当理想与现实无法平衡时，我会想办法去说服客户，想办法让施工方克服困难去实现它。

Q：提问
8. 东方风格的精神是什么，一般人可以自己打造吗？

A：解答
我觉得东方风格的核心精神还是一个"意"，这个"意"里面，任何人都可以轻易打造，比如说你把李白的诗带到你的空间里去，或者把白居易的精神融入你的空间，每个人的表达方式不一样，但我觉得都是一种东方风格。

Q：提问
9. 在您的设计职业生涯里，有什么难忘的经历吗，能否分享一下？

A：解答
在我的设计生涯里有很多难忘的经历，每个项目都是惊险万分，死里逃生的感觉，譬如说过去我们在设计"蛋蛋屋"餐厅的时候，其实那个形体已经是很难控制的了，这样的异形，我们应该如何去实现它，心里连底都没有。但是我们最终一点一点把问题克服掉，让现场最终呈现出来的效果和效果图一模一样，我们找到适合的地板厂家去定制出一个视觉错位的地板图样，其实这个过程还是很有趣的，但也很辛苦。

Q：提问
10. 推荐几个您欣赏的设计师和几本优秀的设计类图书吧，为什么是他们而不是其他人呢？

A：解答
我欣赏的图书，是我的校长以前写的《Interior Design Decoration》，这本书针对设计的一些根本理念进行阐述，比如说对各种风格的定义、室内设计的整体概况，讲解得很详细，读完就可以对室内设计有个整体的轮廓。
我欣赏的设计师包括Philippe Starck、Kerry Hill，他们在自己的设计领域里，调性达到了一个难以超越的高度。当然他们的这种高度也是我想追求的。

江西恒茂度假酒店

设计公司：赵牧桓室内设计研究室
设计师：赵牧桓
参与设计：王颖建、赵玉玲、胡昕岳
摄影：舒赫摄影
面积：23 000 平方米
主要材料：水曲柳染色木饰面、榆木手工拉丝布面、实木雕刻板、漆、花岗岩、工艺竹编、刺绣壁纸

设计说明

江西恒茂度假酒店坐落在江西省靖安县御泉谷的上风上水之地，独特的地理环境和丰富的人文历史激发了设计师的设计灵感，最终创造出一个与自然融合的建筑群体，它四周环绕着郁郁葱葱的树林，隐于山林之间，正好似陶渊明笔下的"桃花源"。

步入大堂，室内空间宽阔，天花鳞次栉比通向楼梯方向，墙面灰色石材雕刻，将《桃花源记》中的诗句映入客人眼帘，禅境古意扑面而来。镂空屏风隔墙的设计，让空间隔而不断，与具有传统韵味的家具和配饰相互交融，隔绝俗世的纷扰。柱子和天花上的装饰灯具，利用金属和木材两种截然不同的材料和质地，创造空间内在张力，透过锐利的金属、细腻的木质线条强调空间结构，精致笔挺的吊灯，令空间由内向外展现独特魅力。

穿过悠长的走道，在灰白色空间配合温暖沉着木色格子窗棂，让客人逐步感受一种优雅的热情。天花的黑色线条设计，带有极强的导向性，墙面上特别设计的壁灯，与柱体结合，极大地丰富整个空间的层次感和趣味性。

中式餐厅天花还原建筑屋顶原有结构，保持空间开阔，让客人在明媚的阳光和纯净的空气里自由呼吸，与周边环境自然融合。室内的家具、灯具，外观简洁质朴，宁静的色调营造出优雅的用餐气氛。其间的天花吊灯，巧妙引入毛笔元素，具有极强的后现代艺术气质。大包厢的墙面中式雕

刻窗花的组合和书架造型，构建出一个轻松随意的环境。

西餐厅的入口设计灵感来源于中国传统的影壁，采用铁艺镂空祥云图案设计，隐约透出的光线使整个墙面变得朦胧虚幻，使客人还未进入，便产生一种想一探究竟的感觉。深灰色的调子，强烈的红色跳跃其间。沉稳平和的空间氛围利用戏剧的元素，进行抽象概括，形成一个中西和古今的融合。

酒店的客房设计延续了酒店整体的色调，将酒店新中式风格贯穿始终。卫生间刻意调整空间格局，铁艺玻璃国画隔断设计，可以让空间随心自由变动与外界的视觉联系：开放连接或完全私密。客房主墙面以手绘花鸟国画展现细腻质地，顶部镂空花格，内灯光投射其上，飘逸出古朴浪漫的情调。

在整个空间设计过程中，砖、石、席、麻等材质巧妙地运用于各个空间中，在各种材质质感的鲜明对比与变化中，实现空间和时间的模糊性表达，隐喻对"世外桃源"意境表达所做的尝试。

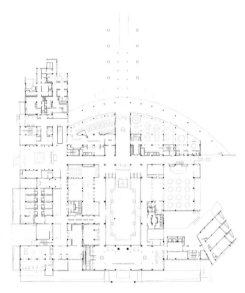

一层平面布置图

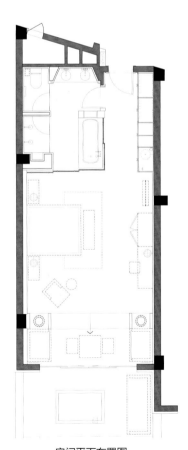

房间平面布置图

王俊宏

森境室内装修设计工程有限公司/王俊宏建筑设计咨询(上海)有限公司创办人

社会荣誉：
2014年中国厨房设计奖；
2014年"金堂奖"年度优秀住宅公寓设计；
2014年百大人气设计师人气奖；
2014年"TID Award"优秀居住空间奖。

Q：提问

1. 东方风格最大的特色在哪里？

A：解答

东方风格在中式家具、栏杆与框架等的基础下，在空间中以不同的形式呈现，或为柜体门片，或以灯饰形貌出现，让人深深感受到设计之中隐含的汉学底蕴。

Q：提问

2. 东方风格在设计上有哪些要注意的？

A：解答

目前在台湾的住宅空间设计里，存在着各种不同类型不同属性的风格，一不小心就会成为混搭，东方风格的塑造很大程度上依赖于古典、古朴的家具，以及具有传统东方文化内涵的装饰性饰品。

Q：提问

3. 最能体现此种风格的软装是什么，这种产品应该有些什么样的特质？

A：解答

中式家具、字画、床架等最能体现其特色，比如说家中摆放了一套中式家具，墙上挂了一幅字画，或者窗户设计成古典的打开式。这种产品具有表达我国传统文化的特色。

Q：提问

4. 居住空间要形成东方风格，要如何规划？

A：解答

运用少量的木作，减少装饰性的木造装潢，搭配有质感的老件、家具妆点空间，就能打造出东方风格。

对话设计师

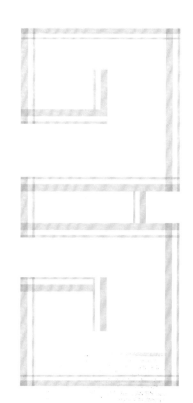

Q：提问
5. 东方风格家居，对使用者的生活有何影响？

A：解答
由于室内设计是个极度耗费地球资源的产业，在全球注重环保与资源永续利用的趋势下，强调自然、环保的设计概念愈来愈受重视。因此空间设计风格，多半受到趋势影响。过去十年，注重木皮色泽变化的浅薄室内装修模式，开始有了明显改变。室内设计不再只注重表面材质与风格语汇，更着墨于思考建筑基地条件、户外环境与室内空间彼此相互依存的关系。从形而上的表象，进入形而下的心灵层面，而设计师们也开始思考居住者与空间的关系，个性化、客制化的设计概念愈来愈强烈，而非让每个住宅都套用既定风格。

Q：提问
6. 设计过程中，应该如何保持设计理想与现实之间的平衡？

A：解答
每个人都希望自己的家有大宅的空间尺度。在寸土寸金的条件下，集合住宅面积扣除公设、梁柱结构、管道间等，空间面积有限。透过格局的破解、动线安排及美形收纳，利用空间面积，让想要装修的屋主们，更了解专业设计的奥秘。

Q：提问
7. 东方风格的精神是什么，一般人可以自己打造吗？

A：解答
枯山水元素，是经典的东方美学线条，将枯山水横置于墙面，另外搭配陶器、竹帘等东方元素，稀释现代西方语汇，共生东方现代美学。

Q：提问
8. 推荐几个您欣赏的设计师和几本优秀的设计类图书吧，为什么是他们而不是其他人呢？

A：解答
《Next Generation 新世代计划》，可以见到近几年航空公司在包装营销方面，除了机身外壳的彩绘机，例如长荣的Holle Kitty 彩绘机，还不曾有人打过室内机舱的主意，华航这次大胆的举动不仅请到陈瑞宪先生，甚至结合了不同领域的佼佼者，包括与云门舞集合作的云门舞集彩绘机身，并邀请林怀民先生担任形象广告代言人，更有知名服装设计师张叔平先生设计华航制服，还有美术设计陈俊良先生替华航餐具赋予全新的面貌，当然整个整体统筹的部分还是以陈瑞宪先生以宋代文化发想，在客舱内宛如穿越时空走进宋代的山水画中，这也是一种宣扬东方文化将之营销国际的概念。室内设计的领域可以从地面拓展到空中，是一个让我们为之惊艳的作品，而此次跨领域不同设计精英一同努力的设计作品，也是值得我们一同思考的方向。

品质会所

设计公司：森境室内装修设计工程有限公司
软装设计：王俊宏、江柏明、黎荣亮
艺术家：孙文涛
花艺师：蓝介泽
摄影师：KPS 游宏祥
面积：150 平方米
主要材料：大理石、灰镜、浅色木料、布艺、布板、墙纸、玻璃

设计说明

格栅光影交织，木石空间对话，
方圆自在游走，心境随季节转换，
荣枯起伏跌宕，复归自在安然。

当置茶席，与知交品味生活，如细水长流；
或设宴欢聚，让宾主尽欢，广结善缘。

动则喧嚣熙攘，如千军万马奔腾；
静则如禅坐悟道，不可言说。

百转千回，觅得静心居所，
恰在灯火阑珊处。

郑展鸿

CEX鸿文空间设计有限公司设计师
中国建筑学会室内设计分会CIID会员

社会荣誉：
2014年"中国室内设计双年奖"优秀奖（住宅空间）；
2014年"金堂奖"优秀奖（办公空间）；
2015年"金堂奖"优秀奖（住宅空间）；
2015年第六届"筑巢奖"银奖。

Q：提问
1. 东方风格最大的特色在哪里？

A：解答
东方风格崇尚自然和人文的结合，不刻意，不造作，注意动与静的结合，空间布局上曲径通幽，若隐若现，空间格调侧重于清、奇、朴、雅、静，相对于西方的格调，多了几分安静，几抹诗情，几味禅意。

Q：提问
2. 东方风格在设计上有哪些要注意的？

A：解答
东方风格在设计上一定要注意空间与装饰的结合，空间应尽量做减法，忌堆积，要适当注意灯光与自然光的结合与衬托，不应过多地追求浮于表面的装饰，应更重于内在的意蕴。

Q：提问
3. 最能体现此种风格的软装是什么，这种产品应该有些什么样的特质？

A：解答
光、绿植、陶瓷、纱。一个好的作品应该懂得在空间引入适当的光影处理，光与绿植合理的搭配可以让空间更加舒适安静，陶瓷及纱几乎是东方风格里不可或缺的器与物，陶瓷不管是造型还是表面的纹理彩绘，都可以很容易地植入一些历史印记及空间元素。

Q：提问
4. 国外的东方风格和国内常见的东方风格空间，有什么样的差异？

A：解答
国外的设计师会更多地采用自然光的手法，更多地追求减法处理，更注重材质与自然光的结合，更注重各元素相互之间的关系。
国内大部分的设计师更侧重于用装饰品来衬托出空间的格调，也许他们更喜欢用一些有历史烙印的饰品来衬托东方风格。

对话设计师

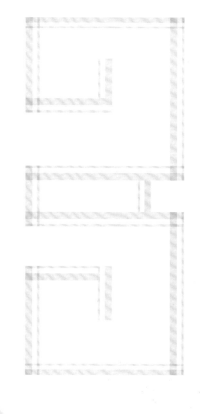

Q：提问

5. 居住空间要形成东方风格，要如何规划？

A：解答

个人认为东方风格在布局上应该注意动静结合，动线分明，方正规整，这样在细节处理和功能使用上才能浑然天成。空间在灯光与材质的处理上一定要注意，尽可能地减少堆砌，居家空间应简约不造作，这样才能打造出一个适居的宜家空间。

Q：提问

6. 东方风格家居，对使用者的生活有何影响？

A：解答

一个好的空间可以让人在疲惫的工作后回到家里安静地休息，过滤掉一天的烦恼，这就是我对一个好的空间的理解。

Q：提问

7. 设计过程中，应该如何保持设计理想与现实之间的平衡？

A：解答

尽可能地在前期构图里展现完整，且须跟踪到位，在案子执行中一定要坚持该有的一些意见，不要迷失在业主、材料商与施工方交集的漩涡里。

Q：提问

8. 东方风格的精神是什么，一般人可以自己打造吗？

A：解答

光影隐匿，宁静致远。这种空间最好是有专业设计师来打造，虽然简单八个字，但真正要在空间呈现出来会有很多细节处理，所以这种形式的空间不建议业主自己打造。

Q：提问

9. 在您的设计职业生涯里，有什么难忘的经历吗，能否分享一下？

A：解答

曾经有一次为了坚持自己的设计方案和业主吵过一架，事后其实感觉也好笑，这种争议本身就不应该存在，因为我们一直秉承着业主至上的原则，而争议原因无非是为了业主空间着想。事后想想，也许换种更柔和的方式处理，业主应该也是会接受我们的建议的，既然我们尊重空间，就应该更尊重空间的人。

Q：提问

10. 推荐几个您欣赏的设计师和几本优秀的设计类图书吧，为什么是他们而不是其他人呢？

A：解答

雅布·贾雅、安藤忠雄、科瑞希尔这些人出的很多作品集我都有买。个人感觉他们在东方风格上的打造已完全超越现在国内的中式设计师，且作品更侧重人文与自然的融合。

设计公司：CEX 鸿文空间设计有限公司
设计师：郑展鸿、刘小文
面积：95 平方米
主要材料：大理石、灰镜、浅色木料、布艺、布板、墙纸、玻璃

设计说明

静是一种感受，当我们独处在静雅陋室的时候，品着一杯香茗，点上一根檀香，任思绪随着袅袅轻烟飘飞，若还能有一曲喜欢的旋律，让悠悠的节奏从内心响起，让整个人完全处于空灵的世界里，若真如此，夫复何求……

静是一种美，也是一种境界，是看穿人生沉浮的一种顿悟。苏轼的"莫听穿林打叶声，何妨吟啸且徐行……"里体现的从容，总能令人钦佩。

静是一种悟，怒云狂风，终为雨露，归于静美。倘若我们能够在自己的人生里存留下一个宁静的空间，不仅使自己的内心得以寄留，也使我们能够从焦躁的生活状态中走出，在喧闹忙碌的世界里偷得一点闲暇时光去体悟生命的本源。

本案在空间布局上大开大合，整个动线明朗有序，采用一步一景，步移景异的表达手法，引人入胜，渐入佳境。在和业主做深入交流后，避开常规中式的明清花格、明清家具，更多地采用唐宋盛行的简约风，空间在细节上的处理尽可能的干净利索，方方正正，尽可能地简化掉过多的渲染，而用干净的面与线来诠释。本案把一楼客厅、餐厅、棋牌室、楼梯间全部打开，用了门套和线条的形式做了简单的分割隔断，让所有空间的动线若隐若现。二楼的起居室格局延续了一楼的大开大合，一条楼梯跨在一二楼之间，动线异常分明，起居室原有的吊顶是借用了原

有户型的有利条件，用玻璃做顶，再加一层电动窗帘，这样能把空间所有能和外面通光的地方全部打开，且二楼卧室和起居室避开了正常的平门开形式，用了推拉门来作为进入卧室的间隔，这样，当所有的门扇打开，空间是互通的，而又同时可以在必要的时候封闭让各空间相对独立。

二楼主卧的空间是一个斜屋顶，为了避免过于压抑，床采用了架子床，在人的感官里，在架子床所框住的空间里面，大部分人都会忽略了空间原自身带来的压抑。主卧卫生间是一个完全采光的区域，可以想象，当全部的电动窗帘打开，在光线下面淋浴，绝对是一件十分惬意的事情。主卧与卫生间的隔断也采用和房门一样的推拉门，同时设计师在此处还有一个巧妙的处理，把主卧门边上的一个小区域做成两面开的柜子，这样可以两边共用。主卫能有一个和主卧共用的柜子，且不影响封闭性，相信很多人都能体会到其功用。因为业主对生活品质非常讲究，设计师把一个小冰箱塞进了主卫的衣柜里，这样业主既可以在洗浴后喝一杯冰啤或水，还可以放一些小水果、红酒，让生活更有情调……

本案在材质上没有用过多华丽的元素，而是更多地用一些质朴的材料，毛石、原木、青石板，借上层次分明的灯光和本户型拥有的天然采光，空间的层次被完全拉开。在配饰上，用小绿植、书、金钵、古缸、梅花、小吊灯及郑板巧的《竹石图》把空间的韵味展现得活灵活现，耐人寻味……

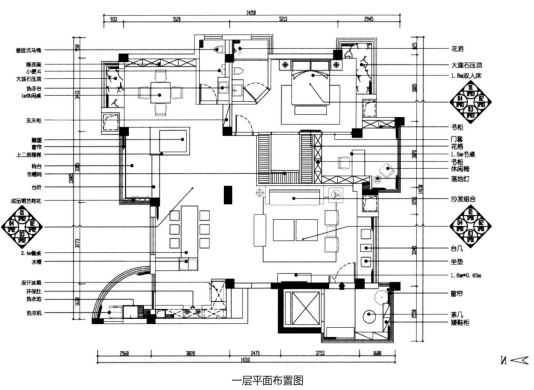

壁挂式马桶
陈列架
小便斗
大理石压顶
洗手台
1m休闲桌

玄关柜

雕塑
窗帘
上二层楼梯
转台
衣帽间
台阶
成品铜艺荷花

2.4m餐桌
水槽

双开冰箱
环保灶
洗碗池
洗衣机

花洒
大理石压顶
1.8m双人床

书柜
门套
花格
1.5m书桌
书柜
休闲椅
落地灯

沙发组合

台几
坐垫
1.6m*0.45m

窗帘

茶几
矮鞋柜

一层平面布置图

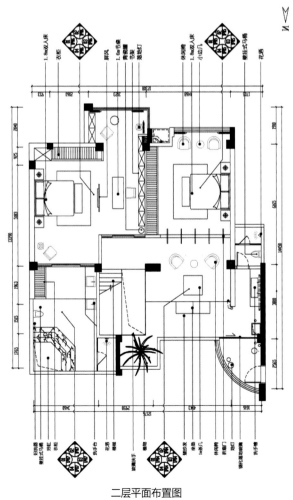

二层平面布置图

吕氏团队

吕氏国际是一家以酒店设计为主的专业室内设计公司。公司提供酒店规划、酒店设计、公共空间设计、办公空间设计等专业设计服务。

公司创始人、设计总监吕军先生是中国知名室内建筑师，吕氏国际在其新锐、进取的带领下健硕发展。积极吸纳全国知名室内建筑师和人才加盟，使团队更加庞大及专业化。

Q：提问
1. 东方风格最大的特色在哪里？

A：解答
从结构和装饰上看，表现出的是清雅含蓄、端庄、大方的气魄和丰满华丽的风采。
庄重典雅及严肃的气度，潇洒灵动及飘逸的气韵，舒缓的意境始终是东方人特有的情怀。

Q：提问
2. 东方风格在设计上有哪些要注意的？

A：解答
空间布局讲究对称，天圆地方，格调高雅，造型简朴优美，色彩浓重而成熟。按一定的规律布置空间，间架的配置、纹饰的排列、家具的安放、古玩字画的悬挂陈设，追求一种修身养性的生活境界。总体布局对称均衡，端正稳健，而在装饰细节上崇尚自然情趣，花鸟、鱼虫等精雕细琢，富于变化，充分体现出中国传统美学精神。

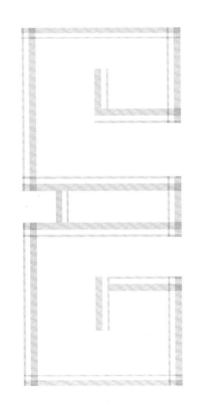

Q：提问
3. 最能体现此种风格的软装是什么，这种产品应该有些什么样的特质？

A：解答
软装陈设具有东方韵味，色彩追求柔和自然，朴素雅致，着意体现东方木架构结构特有的形式与装饰，体现材料的质地美。中国的大漆屏风、明式家具、东方丝绸、雕漆、字画、陶瓷等传统陈设品，一起营造浓厚的东方情调。

Q：提问
4. 国外的东方风格和国内常见的东方风格空间，有什么样的差异？

A：解答
国外东方：传统与时尚结合，趣味性较强；
国内东方：追求内涵与境界，更注重意境，衍生出的新中式，不刻板也不失庄重，注重品质。

Q：提问
5. 居住空间要形成东方风格，要如何规划？

A：解答
在室内设计中陈设一些具有自然情调的饰物，增加自然的意境，例如，可通过传统的石磨配上绿意盎然的植物，或是金黄的玉米束，还有手工蜡染的花布以及字画、古玩、屏风、博古架等，精巧搭配，能体现出中国传统的美学精神，就会有意想不到的"新中国风"效果。另将室外与室内情景交融，以借景的方式，极大地丰富了室内设计手法，使室内与园林的布局，共同产生东方情调，营造独特意境。

对话设计师

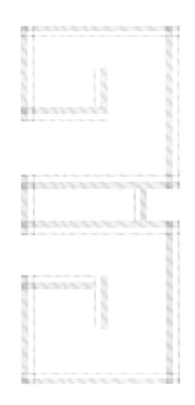

Q：提问

6. 东方风格家居，对使用者的生活有何影响？

A：解答

情怀与传承，越来越多的人开始喜欢东方风格，它也不再只是老年人的喜好，也逐渐被越来越多的年轻人所追捧。而现在的信息社会，大家可以通过网络、电视，对中国的文化和传统有更为深入和透彻的了解，东方风格逐渐走向世界。

Q：提问

7. 设计过程中，应该如何保持设计理想与现实之间的平衡？

A：解答

不为刺激消费而设计，注重客户的身心体验，兼顾环保和实用的前提下为客户提供专业化和个性化的设计方案。

Q：提问

8. 东方风格的精神是什么，一般人可以自己打造吗？

A：解答

东方风格设计思想与东方哲学紧密相连，中国"天人合一"哲学思想强调室内与周围环境的融合，创造安宁与和谐的室内氛围，这与现代的环境意识相吻合。除了对风格的选择外还要结合地域文化，让设计更具有文化积淀感，更具有成熟感。东方人首要的就是要体现东方文化特质，将东方特有的美展现出来才是最高的设计。其实，要打造中式空间很简单，能够把握传统美学脉络，就能够灵活地使用东方元素点缀您的室内空间，营造出你想要的中式味道。

Q：提问

9. 在您的设计职业生涯里，有什么难忘的经历吗，能否分享一下？

A：解答

分享下个人这么多年设计的三个阶段：

第一阶段：5年时间，刚进入社会，好奇、新鲜与学习；

第二阶段：5年时间，对设计的激情、创意与信心；

第三阶段：5年时间，成熟、稳重、内敛、沉淀与大局观。

这三个阶段，都是每个设计师所会经历的阶段，它使我的设计人生更加丰富、快乐，也让我更能以平常心去面对设计与生活。

Q：提问

10. 推荐几个您欣赏的设计师和几本优秀的设计类图书吧，为什么是他们而不是其他人呢？

A：解答

陈幼坚、季裕棠。陈幼坚，他将平面、室内、影视结合得非常好。季裕棠，他把东方文化推向了全世界。

个人很喜欢华中科技大学出版社的书籍，许多关于设计方面的书籍平时会去关注与学习。

山西太原君豪铂尊酒店

设计公司：深圳市吕氏国际室内建筑师事务所
设计师：杨凯、姜斌
参与设计：魏文星、陈少漫、梁家宏、肖发明、黎东辉、蔡杰
面积：6 000 平方米
主要材料：西雅图灰石材、水墨漆画、黑色不锈钢、夹丝玻璃

设计说明

本项目提取传统文化中的水墨元素，结合时尚浪漫的欧洲文化，中国传统文化与欧洲文化的碰撞，通过水墨不同的表现引入不同的空间，加之与欧式元素的完美融合，展现中西文化和谐交融的艺术氛围，在把握功能中追求空间与意境，赋予酒店独特的文化内涵。

进入酒店，大篇幅水墨漆画《富春山居图》映入眼帘，大堂雕塑采用简化及抽象化水鸟的造型来营造酒店休闲的氛围，雕塑结合水景给人以休闲的感觉，与后面的背景水墨漆画互为映衬。穿梭于酒店，客人将会看到各种墨香交织的时尚与传统结合的图案，例如特别定制的走道及客房地毯，床头背景画，厚实的实木书架，书吧背景墙的锦绣，给人以浓厚的书香文化气息，让这座兵家必争之地的古都在刚硬的外表下多了一份文人墨客的优雅与淡然，在这座历经文化沧桑的历史名城里，感受一种平和。

多情诗人徐志摩曾在诗《水墨青花》中写到：爱像水墨青花，何惧刹那芳华！设计师也将自己对设计的爱、对本项目设计的理解融入其中，项目的设计理念也许只是思维跃动的刹那，但一刻即是永恒！

谭侃

深圳市太谷设计顾问有限公司执行董事

2010年成立深圳市太谷设计顾问有限公司，专业接洽中高端酒店、办公及楼盘类项目的硬装设计及软饰设计与制作。

王光辉

深圳市太谷设计顾问有限公司设计总监

Q：提问
1. 东方风格最大的特色在哪里？

A：解答
东方风格最大的特色是体现传统文化，不管怎样装饰都或多或少带上传统的色彩。比如家具的颜色或者墙上的字画及窗户的设置，带有点古典特色。

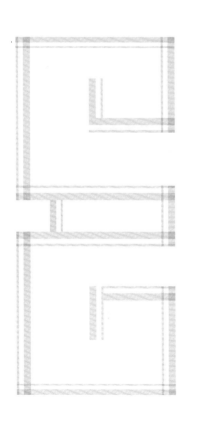

Q：提问
2. 东方风格在设计上有哪些要注意的？

A：解答
不要刻意追求造型上和形式上的"东方"，而应该是空间气质与内涵上的"东方"，即常说的"意味"。

Q：提问
3. 最能体现此种风格的软装是什么，这种产品应该有些什么样的特质？

A：解答
纯洁平和的白瓷，玲珑高雅的青瓷，其细腻的质感与木色交相辉映，或是一把二胡，或是一壶清茶，让东方气息自由流淌，已是最好。

对话设计师

Q：提问
4. 居住空间要形成东方风格，要如何规划？

A：解答
中国传统文化包罗万象，不需在格局上特意强调，传统对称的布局方式，可以是多元化的融入，亦可以是内敛、简练的融入，不需为我们的"东方"设限，它本是传统与当代文化碰撞的一种体现，包罗万象。

Q：提问
5. 东方风格家居，对使用者的生活有何影响？

A：解答
将文化融入居住空间，对使用者有着潜移默化的影响，使用者对"东方"的理解更直观，而不仅仅停留在历史，或是文字上的范例。

Q：提问
6. 设计过程中，应该如何保持设计理想与现实之间的平衡？

A：解答
设计基于现实才可成立，这个很好取舍，不是为设计而设计，是以人为本，让现实通过设计体现空间，亦或是使之完善。

Q：提问
7. 东方风格的精神是什么，一般人可以自己打造吗？

A：解答
当然可以，有些人好"茶"，有些人好"乐"，有些人好"棋"，东方风格只是让生活在其中的人，更加舒适享受自我之所爱，而不拘泥特定形式框架。

Q：提问
8. 在您的设计职业生涯里，有什么难忘的经历吗，能否分享一下？

A：解答
在方案设计过程中，不断印证，材料和颜色的搭配，尺寸和比例是不是可以有更好选择，乐此不疲，却又非常苦恼。

郑州 · 永威迎宾府E1样板房

设计公司：深圳市太谷设计顾问有限公司
摄影师：张骑麟

设计说明

本案地处中原核心城市，虽是刚需户型，但客户群体的定位亦属中高端人群。

日式风是由其中一个经典户型演绎而来的，平面格局舒放而灵动，张弛有度，麻雀虽小但五脏俱全。

引用日式风量体裁衣，面与面的交接，空间与空间的互动均顺势而为，丝毫不做作，开放而平顺。纵向形体融合原木色线条的收与放，于沙发背景呈蓄势待发之势。而地面一气呵成的原木色木地板呈东西向的延展有着某种信仰与人文意蕴；材质上，餐厅的米色的扪布墙面和过道的灰色石材墙面承前启后，是整个空间的调色板和稳定剂。

卧室简练的空间语言完全呈收敛之态，韵味中庸的折扇与方框架构之下的睡床、落地灯、台灯和水墨，皆是点睛之笔，加之床品的温软与浪漫，氛围由此渲染至极致。

南昌正荣润城A2户型样板房

设计公司：柏舍设计（柏舍励创专属机构）
面积：85 平方米
主要材料：木饰面 、木地板 、大理石、 玫瑰金镜钢

设计说明

"家"是所有家庭成员心中的共同归属，也是贯彻每一处空间场域的设计主轴，视觉焦点将空间逐渐隐退至幕后，衬托出人的主角定位。如果生活需要一个态度，居住空间则是展现生活理念的背景舞台，在人与舞台之间，创造最平衡和谐的主次关系，展现居家氛围特性。

落日余晖，沉浸于漫无边际的绿林野花里，黄花柔枝亲吻肌肤，禅鸟对鸣声声脆；或窝在柔软的沙发里，点点灯光洒在身上，蕴藏着无穷的诗意。设计师在选材上大多采用质地天然的木、石等环保型材料。整个空间以浅木饰面为主调，让自然的纹理烙印在朴实的空间上，原味质朴得以完美突显材质的纯然，达到屋内宁静的舒适氛围。

本案是东方文化浓郁的现代中式风格。客厅墙面加以大理石墙面并用玫瑰金镜钢分割，巧妙地抓住了自然与质感的平衡点，贴近自然但又能体现设计师对品质的追求，整体给人的感觉是阳光的、暖和的。值得一提的还有空间饰物，无不体现对中式文化的独到见解，墙角数枝梅，围棋对弈画。闲时两三小友，一番博弈，当是人生最惬意的时刻了吧。

平面布置图

贵州乐湾国际I-1样板房

设计公司：柏舍设计（柏舍励创专属机构）
面积：116平方米
主要材料：不锈钢、孔雀蓝玉、墙布

设计说明

廊腰缦回，檐牙高啄，往往是人们对中式代表性建筑风格的描述，而在时代飞速发展的今天，如何将建筑在保留古朴传统文化的同时以符合现代人审美观念的形象表现出来，一直都是室内设计师潜心钻研的一件事。在本案中，现代中式风格的设计手法无疑是一次传统文化与现代时尚因素碰撞的经典呈现。

空间的合理布局，简单而清晰，视觉上的通透带来心理的舒适。除此之外，设计师在选材上也是别有用意，地面选用天然大理石镶嵌，尽显自然，墙布的细腻质感结合金属线条的贯穿，在强调自然质朴的同时也提升了整个空间的高雅氛围。

塑造意境，需要设计师在最简单的材质上充分融入艺术情感，才能起到潜移默化的作用。客厅背景墙，乍看似水墨画，近观触摸，能感受到玉石清晰的纹理和天然去雕饰的美感。设计师将中式元素进行提炼重组，金属片缀上黑白棋，对弈一局，人生几何；餐厅桌上生花的乔木，无不体现设计师对于中式文化的喜爱和尊崇；卧室背景画同样被设计师赋予了深意，片片黄金甲，似落叶漂在水中，激起层层细波，缓缓地蔓延开来。

平面布置图

广州凯德置地御金沙B2#4样板房

设计公司：本则创意（柏舍励创专属机构）
面积：120 平方米
主要材料：香槟金、新伊莎米黄、金黑贝、灰太狼、黑檀木饰面、墙纸、夹纱玻璃、硬包、木地板

设计说明

每个人对"家"有着不同的定义和理解，而不变的是一定要有花，有树和有爱。本案设计师正是从此出发，以现代中式的设计风格展开思路，将东方之韵与现代之美完美结合，在精神上给人以无限安宁与温暖。

在客厅色彩的运用上，整体空间采用香槟色作为背景颜色，暖暖的色调，穿插米白色、黑色、金色以及亮丽的蓝色带来不同的感官体验，给人以优雅、安静的感觉。典型东方之韵的摆设，让整个空间有了表达的情愫。

设计师强调空间的层次感，将中式与现代审美相结合，进行了全新的阐释。在书房的设计中，采用简约化的"博古架"分隔出功能性空间，展现出中式家居的层次之美。

在主卧的设计上，凭借整齐、对称的视觉和当代中式符号，如陶瓷、西式的插花、色彩柔和的高级布艺的融入，体现出东方气质与现代元素的融合之美。

在次卧的装饰上，无论是绿色植物、布艺、装饰画，还是不同样式的中式灯具，设计师都选择回归中式风格与现代元素融合，打造出具有现代审美和中式韵味的新中式家居。

平面布置图

中德英伦联邦24楼04户型样板房

设计公司：柏舍设计（柏舍励创专属机构）
面积：180 平方米
主要材料：大理石、工艺玻璃、皮革、玉石

设计说明

中国历史悠久，文化底蕴深厚，其精髓在室内设计中应用广泛。中式传统室内设计，常常寄意于九宫格、水墨画、玉佩（玉石），现代中式设计将现代元素与传统元素结合在一起，以现代人的审美需求来打造富有传统韵味的事物，让传统艺术在空间中得以合适地展现。

空间以橙色为主色调，增加空间的节奏感和现代时尚感，结合皮革家居表现了传统风格的典雅和华贵。客厅布置对称规整，主幅为手工水墨画的拼错，中间镶嵌九宫格，营造一种深邃的禅境。而在客厅的设计中，设计师将水墨画屏风置于空间一角，成为此处的点睛之笔。餐厅以圆形餐桌寓天圆地方，别致的烛台吊灯，与整个空间主旨相呼应，温馨雅致。

书房延续了整体设计风格，设计师利用蒲扇的造型将翠竹以水墨画的形式呈现出来，黑白两色，素雅寂静，与对面墙面的山水倒影相映衬，伏案而作，鸟鸣啾啾，歌山涌水，打造一方自然幽静之地。本案的设计是两种风格的融会贯通，中式元素，是国之精髓，在现代设计理念中，它为我们提供了更多思考生活，感悟生活的角度。

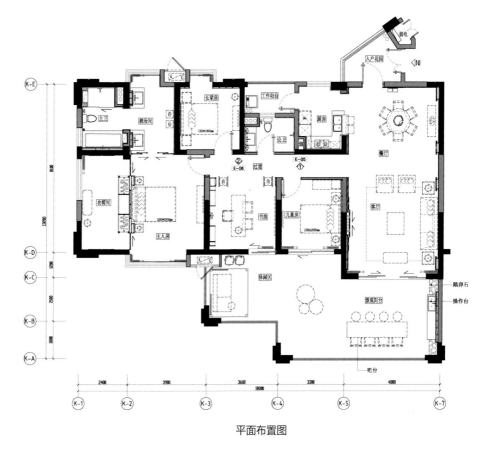

平面布置图

杭州丽景山别墅

设计公司：深圳市帝凯室内设计有限公司
设计师：徐树仁
参与设计：庄祥高、李进念
面积：500 平方米
主要材料：灰影木饰面、帕尔马米黄大理石、古堡云石灰大理石、皮革刺绣、布艺、花鸟墙纸

设计说明

人们开始摒弃繁琐豪华的装修，力求拥有一种自然简约的居室空间。简约中式风格脱离传统中式的繁琐，少了中式的沉闷，多了一些现代的温馨与灵动之感。本案设计手法简洁，空间配色轻松自然，又能在简单的中式元素运用中体现出中国传统文化的魅力。简单的木色，精致的线条勾勒，大面积的留白，沉稳大方，不奢华，又不失品位……

丽涛花园样板房

设计公司：深圳市帝凯室内设计有限公司
设计师：徐树仁
参与设计：庄祥高、李进念
地点：广东茂名
面积：150 平方米
主要材料：灰木纹大理石、雅士白大理石、水洗橡饰面板、皮革、墙纸

设计说明

久在樊笼里，复得返自然。设计亦如此，本案的新中式风格摒弃了传统意义上厚重沉稳的色调及手法。空间整体色彩轻快柔和，软装的配搭依旧延续了整个空间纯净的色调，具有设计感的家具，将现代元素和传统元素结合在一起，韵味十足。大面积白色调的运用与黑线条的勾勒，以及石材的天然纹理的铺展，使空间宛如一幅清丽的山水画，又像一首流动的山水诗，美不胜收。让使用者感受到传统文化的源远流长……

平面布置图

像丝绸一样质感的家

项目名称：建发地产苏州中泱天成 B 户型样板房

设计公司：深圳市昊泽空间设计有限公司

设计师：韩松、姚启盛

面积：89 平方米

主要材料：铂金米黄大理石、历山蓝灰大理石、柚木木质面

设计说明

空间如丝绸般，诱惑难挡，它优雅而精致，隐隐地闪烁着暗光，有着温润华丽的质感，被栗色的木线一收，顿时又显得精神矍铄，平添了一份阳刚气，这是一个家，有着丝绸般质地的家。

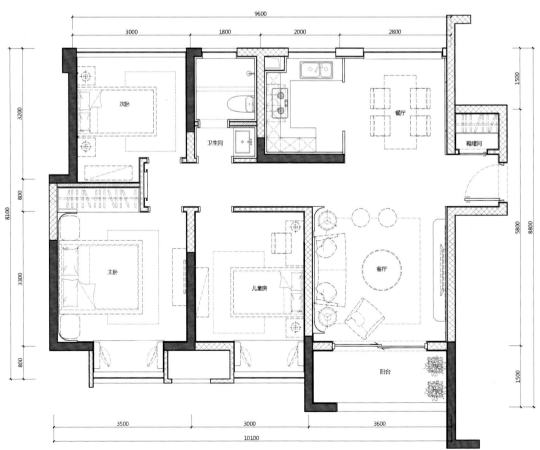

平面布置图

掬月半山样板房

设计公司：深圳市李益中空间设计有限公司
设计师：李益中、范宜华、关观泉
软装设计：熊灿、王雨欣
主要材料：蓝金沙大理石、灰金沙大理石、木地板、皮革、木饰面、墙纸、硬包、夹丝玻璃、手工地毯

设计说明

本案地理位置优越，处在风景优美的大南山麓，绿意葱葱，偏安一隅。设计师欲打造一个舒适、雅致、宁静、高尚的生活居所，因而选择了低彩度的暖灰色系来作为主色调，用木、大理石、布艺、墙纸等带自然质感或纹理的材料来修饰空间界面，并用一些不锈钢、玻璃等材料来增强其现代感及空间能量。灯光大部分应用点光设计，以加强明暗变化，塑造宁静氛围。当然，作为陈设的设计也是极为考究的，围绕东方意境来铺陈家具、绘画、装饰品，让软装与空间硬装的搭配一气呵成。

空间贯彻"简单呈现细腻，朴实打造优雅"的理念，尽显奢华高贵极尽优雅之美。空间以柔和的米灰色调为主，浅灰柔和的色调，在众多色彩中淡定自然；以细致的设计手法设计一个奢华与品位共存，生活与艺术同在的起居空间。米白色、玫瑰金以及水墨蓝色等明朗的色彩再加以大地色系的沉淀，让人感受到优雅与奢华的气息，同时勾勒出一丝东方韵味的闲适生活。

空间以优雅与低调奢华的材质为主，在软装材料的选择上，以有质感的棉麻搭配带有山水元素的丝光布，家具主要以米白色烤漆及深木饰面为主，局部使用玫瑰金、皮革、大理石做点缀，现代东方风情的韵味让人沉醉其中……

平面布置图

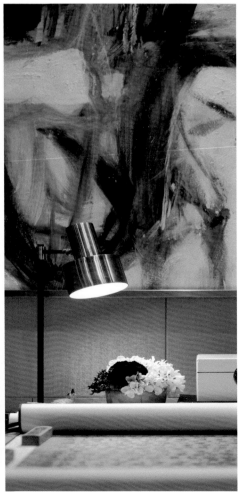

雕刻时光

设计公司：PINKI 品伊国际创意 & PINKI DESIGN 美国 IARI 刘卫军设计事务所
设计师：刘卫军
参与设计：梁义、袁朝贵、陈春龙
陈设设计：PINKI 品伊国际创意 & PINKI DECO 知本家陈设艺术机构
陈设师：刘淑苗
面积：76 平方米
主要材料：大理石、墙布、木饰面

设计说明

岁月流光为过去的悠悠岁月，留下一丝丝人生足迹。

本案为参观者重现一份珍贵的记忆时光，"今"与 "昔"相互交织，同时出现在主人翁的脑海里。回忆，让他们忘记了时间的流转，获得了过去和现在的叠加，形成了特殊而美好的视觉结构。虚拟业主为一对年轻夫妇，知识分子，品位高雅，对传统文化有很深厚的理解，对根源文化有情感寄托。设计手法突出了文化人对日常生活的精神感悟：温文尔雅、平和理性。浅木营造的整体色调，表达出空间的温馨典雅；对传统文化经典元素的吸收，恰到好处地把当地民俗渗透到每个角落，恬静而不张扬，既突出空间本身的自然优势又能恰当地彰显出业主的个人品位，为岁月留下点点足光。

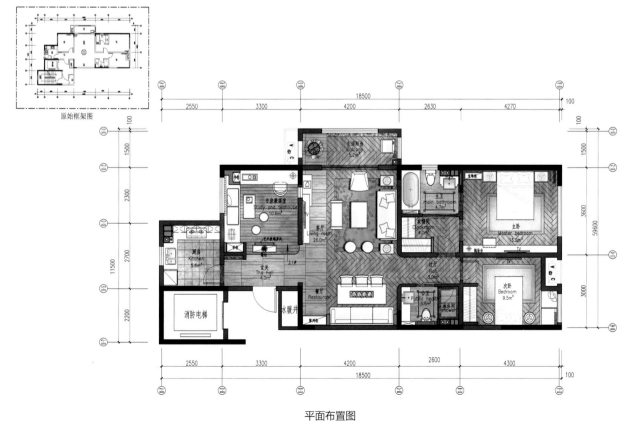

原始框架图

平面布置图

主卧床头背景立面图

客厅电视背景墙立面图

再续·雕刻时光

设计公司：PINKI 品伊国际创意 & PINKI DESIGN 美国 IARI 刘卫军设计事务所
设计师：刘卫军
参与设计：梁义、张罗贵
陈设设计：PINKI 品伊国际创意 & PINKI DECO 知本家陈设艺术机构
陈设师：李莎莉
面积：85 平方米
主要材料：实木地板、墙布、大理石

设计说明

如今生活成为最奢侈的时光，住在这里你可以静静地感受一份英式下午茶带来的惬意。本案空间在休闲中带有奢华，简约中带有品位、随意，处处充满着异域风情的意境和浓郁的异域文化气息，传达着生活的多姿多彩。使聚居于钢筋水泥的现代都市新贵在承受生活的压力和生存的竞争时，得到交流的"温暖怀抱"，使之成为心灵的小憩地。

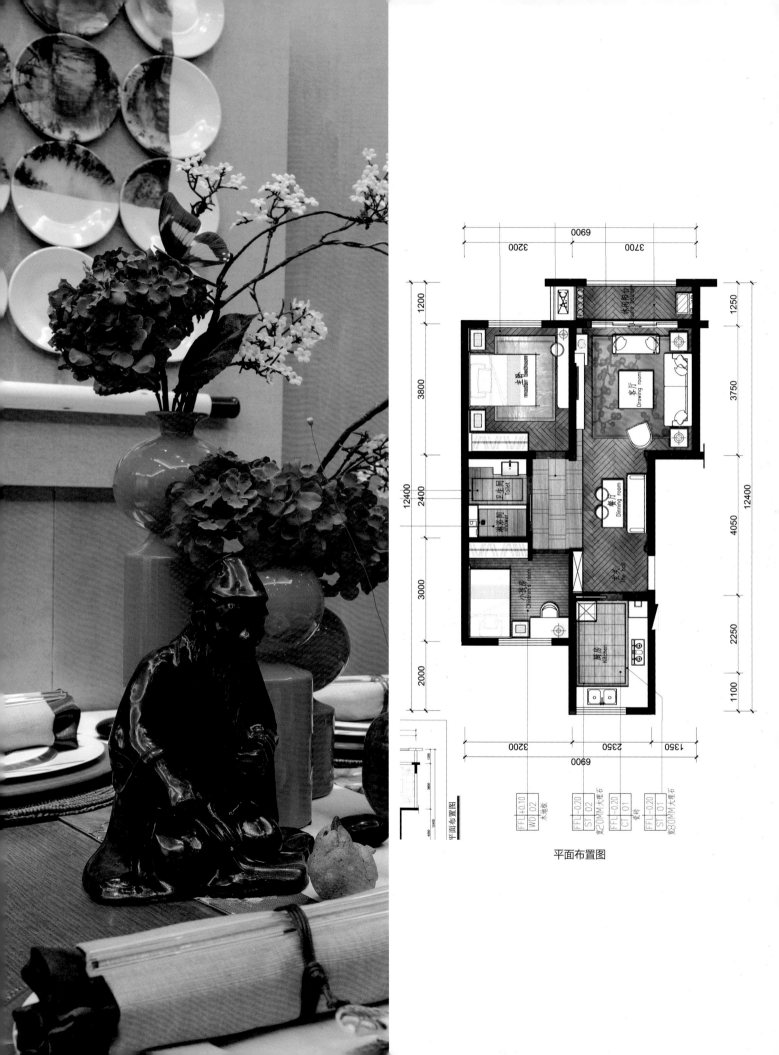

平面布置图

平面布置图

凤凰水城样板间

设计公司：沈阳一然设计
设计师：杨星滨
参与设计：郭金龙
软装设计：赖晶晶
摄影师：盛鹏
地点：辽宁沈阳
面积：220 平方米
主要材料：泰国柚木、月光米黄大理石、肌理涂料

设计说明

透着迷情与性感的泰式风格，靡香的气息往往暗藏蛊惑人心的欲望，令人沉醉其中，想入非非。魅惑的颜色、轻柔的纱幔、艳丽的靠枕、暧昧的灯光等，一切布景、韵调给人香艳、美妙的印象。

追求极致生活享受特质的泰式家居，是设计师所喜爱的。通过设计师恰如其分地布局、打造，创造了一处集妖媚、神秘为一体的尊享空间。强调家具的造型，无论婉转的曲线，还是细碎的实木格子，又或者是看似不经意的藤条纹路等，都成了设计师手中的经典符号。

走进主卧，面对的是一个端景台，摆放着精致的饰品，旁边是衣柜与储藏柜相结合的柜子，起到分隔空间的作用。一边是卧室，一边是主卫。主卧延续了简约的现代中式风格，干净整齐，床背景的水墨画点明风格主题，再配以小饰物，生活的味道跃然而出。

次卧面积相对较小，灰色调会使空间更加压抑，所以加入了一些蓝色调中和整体黄灰调的沉闷，显得清新活泼，开阔了空间感受。地毯运用竹元素，床品运用毛笔等饰品凸显中式风格的特色。

儿童房的设计也加入了蓝色来跳色，轻巧精致的衣柜造型与书桌相结合，节省空间。床品与灯具及其他饰物也都体现中式主题，显示了业主一家独特的文化教育修养和对传统文化的热爱。

卫生间台面的线条简洁端正，配以灰白色台面，尽显简约大气，同时，竖长型的镜框造型，现代与中式得以完美体现。

设计师在平面布局上，讲究独立性，重视空间的功能性和舒适度，每个区域的布局和造型都非常精致，为业主打造了一个有内涵、自在的居所。

重庆万科城别墅

设计公司：深圳市矩阵室内装饰设计有限公司

设计师：王冠、刘建辉、王兆宝

面积：350 平方米

主要材料：橡木拉丝手刮木地板、竹木地板、地毯、银白龙大理石、大花白大理石、雅典娜灰大理石、橡木白色手扫漆、墙纸

设计说明

本案在新亚洲韵味中，融入法式的浪漫情怀。在淡雅大方的硬装环境下，采用对称的手法，旨在完美地实现中西的糅合、意境的升华。干练有力的线条，点缀些许精致的欧式纹案；灰色主调在冷蓝的调和下，同时跳跃点滴的暖色，显得格外沉稳、利落；在细节处，暗调的纹理值得关注。在整体硬朗的环境下，配合软装的温暖质感，整个空间显得格外耐人寻味，值得品味。

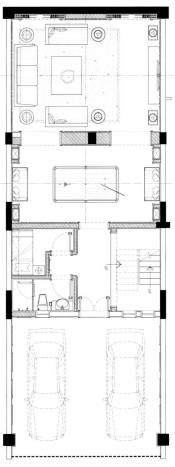

负一层平面布置图

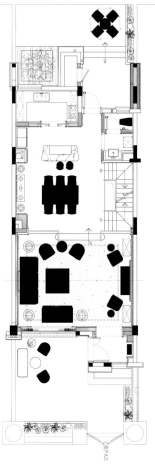

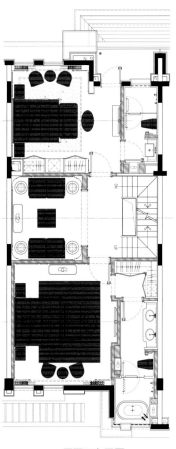

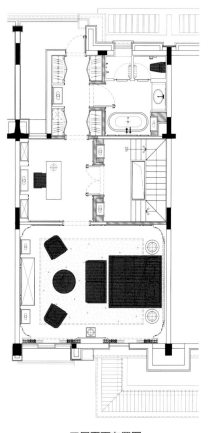

一层平面布置图　　　　　　　二层平面布置图　　　　　　　三层平面布置图

扬州湖畔御景园样板房

设计公司：深圳市尚邦装饰设计工程有限公司
设计师：潘旭强
面积：115 平方米

设计说明

"烟花三月下扬州"是诗人李白的著名诗句，更被蘅塘退士评为"千古丽句"。依瘦西湖而立的御景园，样板房呈现的是雅致和具有恬静东方气息的居所。

色调上以清淡的浅色系为主，追求一种清雅含蓄、端庄丰华的东方精神境界。鲜艳的红色在这其中起到点缀的作用，虽没有大面积的着色，只是在重要的位置用红色润饰一番，但却营造出点石成金的完美效果。让人有眼前一亮的惊艳感，同时也避免了单一色调的呆板。

客厅与餐厅采取通透化设计，紧连在一起。透着浓烈的东方韵味，但不乏时尚的质感。设计交相辉映，传达出中国文化的独特内涵和魅力。

平面布置图

融科橡树澜湾

设计公司：品辰设计
设计师：庞一飞、颜飞
参与设计：叶乙霄
面积：320 平方米
主要材料：深色系木做、木纹石 、手绘墙纸、木地板

设计说明

线香不尽，窗影不移，悠然茶香叙了然。
枫红蝶翩，竹挺梅香，移步易景话四季。
时光如常，星月相驰，丝竹管弦赏天下。
以木为设计主题，禅意的元素肆意整个空间，静与动只一线之隔。
在一种全然悠闲的情绪中，去消遣一个闲暇无事的午后时光。
我们生活在已然麻木的情感与死气沉沉的思想中，需要自然元素的点缀来叫醒无趣的生活，设
计师用朴质的设计教我们在矫饰的世界中看到平凡真挚的情感。
看不尽繁花似锦，时光荏苒往事终归墟。
城隅再见，却只觉云淡风轻。
谈笑间茶香氤氲。
岁月如歌，目及处曲浅意深。
品不尽世事推移，篆隶行楷提笔皆成章。
小隐于世得一清幽自然，青空广阔更有鸿鹄与君相和。

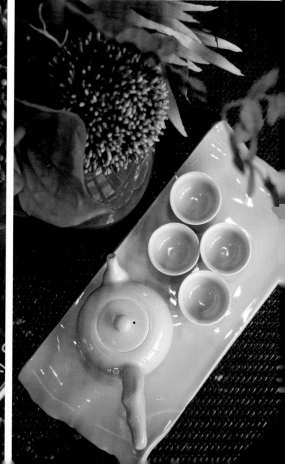

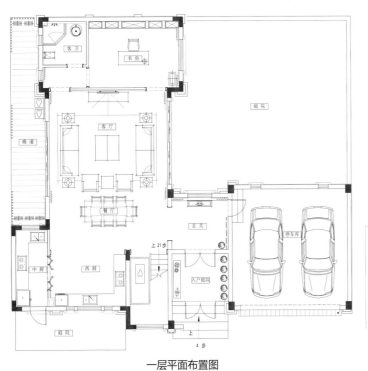

一层平面布置图

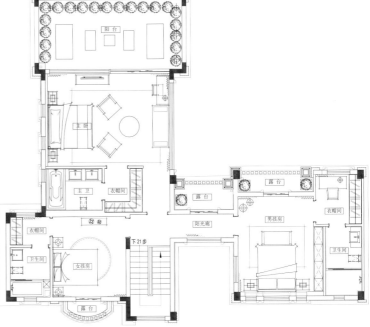

二层平面布置图

苍海一墅样板间

设计公司：品辰设计
设计师：庞一飞、张雁
面积：225 平方米
主要材料：柚木索色、雨林棕酸洗面、黄洞石、文化石

设计说明

东南亚独特的风俗民情和地域特征激发了设计师的灵感，品辰设计尝试将传统的地域文化结合东方美学，以精致又国际化的设计手法，融入历史人文情怀，试图保证文化的延续性和空间氛围的积极性。

该项目尝试以新的搭接关系，增强空间与灯光的互动效果，形成一种新的秩序和美感。并以前瞻性的设计笔触，给予胆色和前瞻性的生活品位，在平淡和谐中凸显强烈的感触。设计师利用简洁的线条与和谐的色调对比，配合不落俗套的挂饰和家具，带给人耳目一新的感觉。设计师以雨林棕酸洗面等石材，赋予空间素净明亮的神采。引进大自然的阳光、空气和树木，把满腔闲情溶化于浓淡有致的空间中，让人在紧迫的城市生活节奏下享受那难得的一刻闲暇。一尘不染、素净澄明。品辰设计用平静的心灵看世界，理性的布局把原有的空间净化，把屋主的气质和品位含蓄地表现出来。而客厅的一展鹿角灯更是赋予空间灵性的点睛设计，配合别具风雅的挂饰和小物摆设，让空气弥漫一股颐乐之象。

日落月出，一如白落梅说过的一段话："在这喧闹的凡尘，我们都需要有适合自己的地方，用来安放灵魂。也许是一座安静宅院，也许是一本无字经书，也许是一条迷津小路。只要是自己心之所往，都是驿站，为了将来起程不再那么迷惘。"品一盏茶茗，听一曲琴音，让我们守住内心的那一方灵台明镜，净心向暖，清浅入禅，盈一怀美丽的憧憬，携浓墨诗意，踏歌而行。

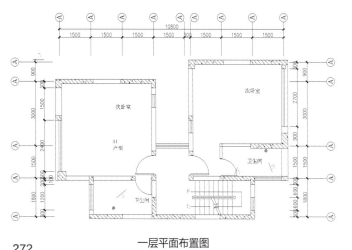

一层平面布置图

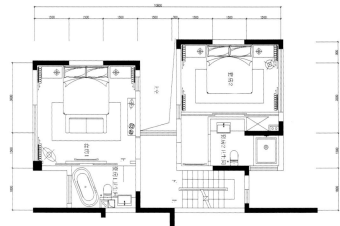

二层平面布置图（1）

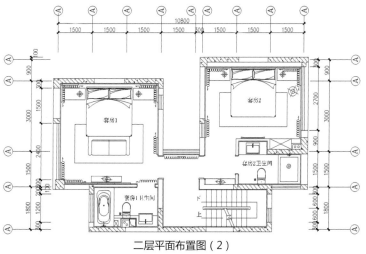

二层平面布置图（2）

首府别墅

设计公司：北京王凤波装饰设计机构
设计师：王凤波
摄影师：恽伟
面积：800平方米

设计说明

设计师在这套别墅设计中，综合运用了各种室内设计风格，把中式、阿拉伯、欧式以及现代风格的不同装饰手法，融合在一个空间之内，达到了很好的装饰效果。

设计师在整体采用中国传统装饰风格的同时，在局部使用了很多其他风格的装饰手法，例如别墅很多垭口的曲线造型，都取材于阿拉伯装饰风格；而在卧室和卫生间中，为了追求更好的舒适性，设计师采用了一些欧式风格的空间处理办法；而在一些细节处理方面，还应用了一些现代简约风格的手法。

由于别墅整体空间比较大，所以设计师意欲帮助业主把功能性空间一一展开。设计师把原来的下沉式庭院改为了一个大的阳光房，让业主可以不受天气变化的侵扰，可以充分利用这个空间。

希望玫瑰公馆B2户型样板房

设计公司：深圳臻品设计顾问有限公司
软装陈设：深圳华墨国际设计有限公司
面积：100平方米
主要材料：雅柏白玉、意大利木纹、皮革软包、帕斯高灰、木饰面、墙纸、亚克力透光片

设计说明

中西元素的穿插融合，古典与时尚的共生，既充满东方的神韵，又有西式的情调，营造出宁静高雅的氛围。

欧式包装和西方简洁线条下那跳跃着的中国热情，中式复古家私与现代明快色彩的碰撞，书写出另一番风韵，形成了具有强烈感染力的装饰语言，来表达对东方文化的热爱，凸显东方传统元素之美。

设计师在空间中充分展现静、雅、秀、逸的和谐韵味，黄、绿、蓝三个主色调再配以相同色系的颜色，营造出轻松明快的空间氛围。陶瓷、艺术、木质等相结合，更加凸显出东情西韵环境的气质。

会客厅总是在无意中透露出对于中式的喜爱，孔雀装饰挂画、印花靠包，这所有的一切都为空间增添了耐人的韵味。欧洲家具的布置，演绎了设计师对神秘而典雅东方风情执着的认知，以中西结合的设计理念成就了复古的整体风格和大气、兼容并蓄的表达，可谓是东情西韵，展现古风新律。

平面布置图

阳光理想城

设计师：连君曼（www.tofree.com.cn）

设计说明

业主想要个女性主题的居住空间作为周末度假屋，喜欢粉色调，喜欢Bling Bling的质感，经过探讨，设计师把风格定位为妖娆的中式混搭。

面对花园的外墙被改造为餐厅背景。因为工作需要，业主有时会在家举办聚会，希望有个比较有情调的地下室。客厅装饰简单但显高雅。

茶室满足了业主休闲、宁静的生活需求。山水画柜门内的储物空间，收藏了业主近些年来游历各地买到的物件。

宝华·紫薇花园E户型样板房

设计师：连自成
参与设计：金李江、江燕
面积：160 平方米
主要材料：胡桃木、毛面砖、铜艺栏杆、大理石、陶瓷、铜镀铬

设计说明

设计的价值就是提高生活品质，创建新的生活方式，觅得精神与生活的共鸣。

本案属东方风格，整体基调稳重浑厚，家具的搭配以意大利品牌B&B为主，高贵而不炫耀，简单但不平淡，是整体空间呈现的特征。以时间为主轴，经典是缓缓带入的精髓。上海风情，是一个文化的叙述，在空间的布局上，并没有过多采用老上海的元素，设计的提炼，抽象的东方气韵被表达在空间中，所能见到的是品质追求的精神。这是一个时代的标准，人们对品质的追求。色彩的选择有统一调性，中式风情的古典，现代感金属材质的装饰品，于空间中相间搭配却并不突兀。以一两件现代主义色彩装饰画的艺术品画龙点睛，不仅提升整体气质，也缓和东方色调的厚重。

将过去和现代在同一时空交融，一些细碎的雅致的中式元素，大理石的纹理色泽，现代的家居装饰，繁复与简洁对接，彰显着居住者的品位和智慧。

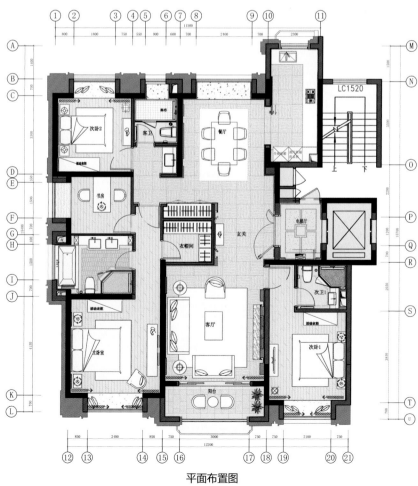

平面布置图

林隐

项目名称：紫悦府 D 户型别墅
设计公司：深圳市昊泽空间设计有限公司
设计师：韩松、姚启盛
面积：560 平方米
主要材料：尼斯木饰面、米黄石材、柚木

设计说明

生活可不可以像画一样留白，画的留白可以让视线和思维无限延伸，家的留白是不是可以让身体和精神无限地自由舒展，设计师把一个个彼此封闭的空间打开，模糊室内外的界限，让空间流动起来。

在这里，身体的自由穿行，或许也能带来思想上的随性放逐。

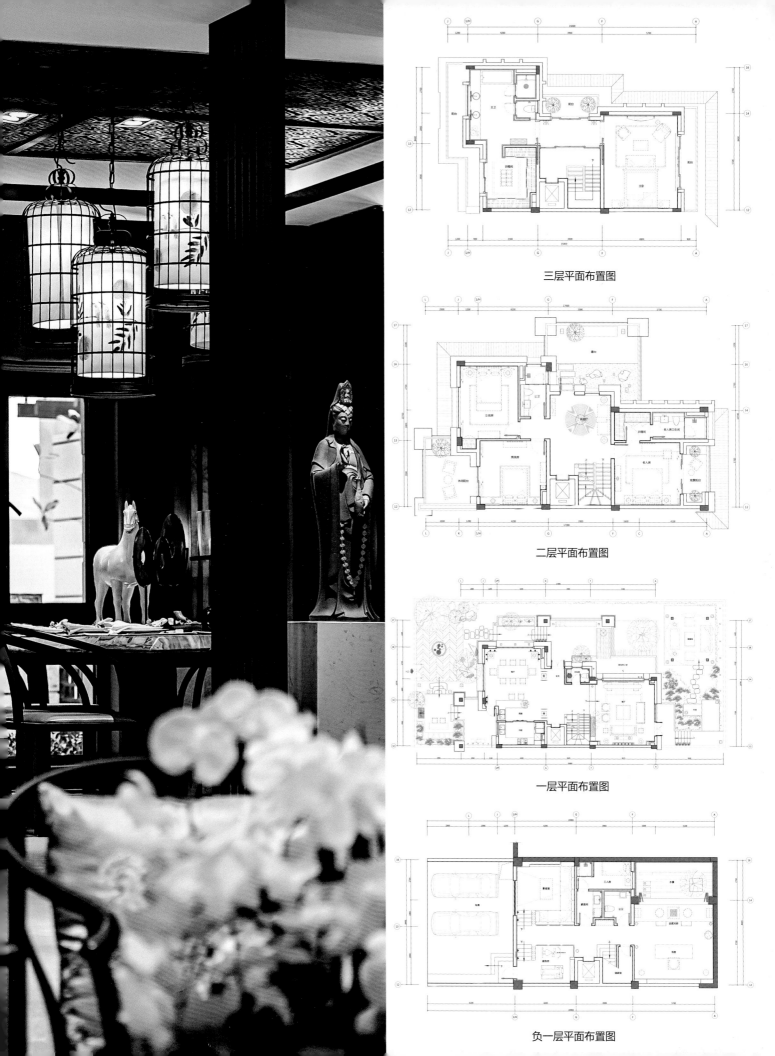

三层平面布置图

二层平面布置图

一层平面布置图

负一层平面布置图

图书在版编目（CIP）数据

东方风格 / DAM 工作室 主编 . – 武汉 : 华中科技大学出版社 , 2015.9
（空间·物语）
ISBN 978-7-5680-1278-2
Ⅰ . ①东… Ⅱ . ① D… Ⅲ . ①住宅 – 室内装饰设计 – 图集 Ⅳ . ① TU241

中国版本图书馆 CIP 数据核字（2015）第 242438 号

东方风格 空间·物语
Dongfang Fengge Kongjian·Wuyu　　　　　　　　　　　　　　　　DAM 工作室 主编

出版发行：华中科技大学出版社（中国·武汉）
地　　址：武汉市武昌珞喻路 1037 号（邮编：430074）
出 版 人：阮海洪

责任编辑：岑千秀　　　　　　　　　　　　　　　　责任监印：张贵君
责任校对：熊纯　　　　　　　　　　　　　　　　　装帧设计：筑美文化

印　　刷：中华商务联合印刷（广东）有限公司
开　　本：965 mm × 1270 mm　1/16
印　　张：20
字　　数：160 千字
版　　次：2016 年 3 月第 1 版 第 1 次印刷
定　　价：328.00 元（USD 65.99）

投稿热线：(020) 36218949　　　duanyy@hustp.com
本书若有印装质量问题，请向出版社营销中心调换
全国免费服务热线：400-6679-118 竭诚为您服务